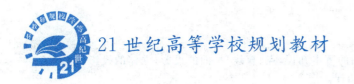

21世纪高等学校规划教材

工程制图习题集

（第2版·修订版）

（非机械类专业用）

主 编 陈 敏 梁 宁 钟宏民

北京邮电大学出版社
·北京·

内 容 简 介

本习题集与《工程制图基础》(第2版)教材配套使用。主要内容有:制图的基本知识,点、直线、平面的投影,立体的投影,组合体,机件的表达方法,轴测图,标准件和常用件,零件图,装配图,其他工程图样。

本习题集主要作为高等院校理工科类平台课(学时30~60)工程制图教材配套,也可作为其他学时数相近各专业的习题集或教学参考书。

图书在版编目(CIP)数据

工程制图习题集/陈敏,梁宁,钟宏民主编. —2版(修订本).-- 北京:北京邮电大学出版社,2015.8
ISBN 978-7-5635-4419-6

Ⅰ.①工… Ⅱ.①陈… ②梁… ③钟… Ⅲ.①工程制图—高等学校—习题集 Ⅳ.①TB23-44

中国版本图书馆 CIP 数据核字(2015)第 169159 号

书　　名	工程制图习题集(第2版·修订版)
主　　编	陈　敏　梁　宁　钟宏民
责任编辑	韩　霞
出版发行	北京邮电大学出版社
社　　址	北京市海淀区西土城路10号(100876)
电话传真	010-82333010　62282185(发行部)　010-82333009　62283578(传真)
网　　址	www3.buptpress.com
电子信箱	ctrd@buptpress.com
经　　销	各地新华书店
印　　刷	中煤涿州制图印刷厂北京分厂
开　　本	787 mm×1 092 mm　1/16
印　　张	10.625
字　　数	138 千字
版　　次	2015年8月第2版　2015年8月第1次印刷

ISBN 978-7-5635-4419-6　　　　　　　　　　　　　　　　　　　　　　　　定价:25.50元

如有质量问题请与发行部联系
版权所有　侵权必究

前　言

　　本习题集根据教育部工程图学教学指导委员会制定的《高等学校工程图学课程教学基本要求》，结合教学实践的具体情况编写而成。习题集在内容的选择上力求题量适度，难度适中，针对性强，以适应不同专业的要求。

　　本习题集与陈敏等主编的《工程制图基础》（第 2 版）教材配套使用。主要内容有：制图的基本知识，点、直线、平面的投影，立体的投影，组合体，机件的表达方法，轴测图，标准件和常用件，零件图，装配图，其他工程图样等十部分。在具体使用时，可以根据不同专业特点进行选用。

　　本习题集由四川理工学院工程图学教研室陈敏、梁宁、钟宏民主编，参加编校工作的还有周国刚、兰芳、王永伦等。

　　由于编者水平所限，书中不足和错误之处在所难免，恳请各位读者批评指正，以便进一步完善。

编　者

2015 年 6 月

目　录

1　制图的基本知识 …………………………………………………………………………………… 1
2　点、直线、平面的投影 …………………………………………………………………………… 6
3　立体的投影 ………………………………………………………………………………………… 19
4　组合体的视图及尺寸标注 ………………………………………………………………………… 34
5　表示机件的各种方法 ……………………………………………………………………………… 48
6　轴测图 ……………………………………………………………………………………………… 64
7　标准件和常用件 …………………………………………………………………………………… 66
8　零件图 ……………………………………………………………………………………………… 71
9　装配图 ……………………………………………………………………………………………… 78
10　其他工程图样——化工专业图 …………………………………………………………………… 82

目录

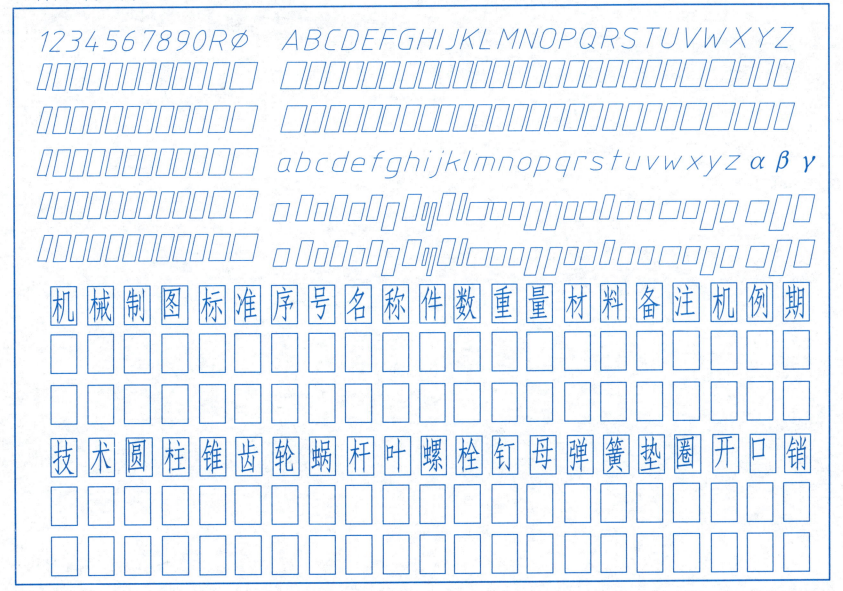

1-2 图线练习　　　　　　　　　　　　　　　　　　　专业班级　　　　　姓名

(1) 完成图中左右对称的各种图线。

(2) 按各等分点分别照画下列各图线的水平线。

(3) 以两中心线的交点O为圆心，过其线上的4空心点，由大到小依次画出粗实线、虚线、点画线、细实线4个圆。

1-3 尺寸标注

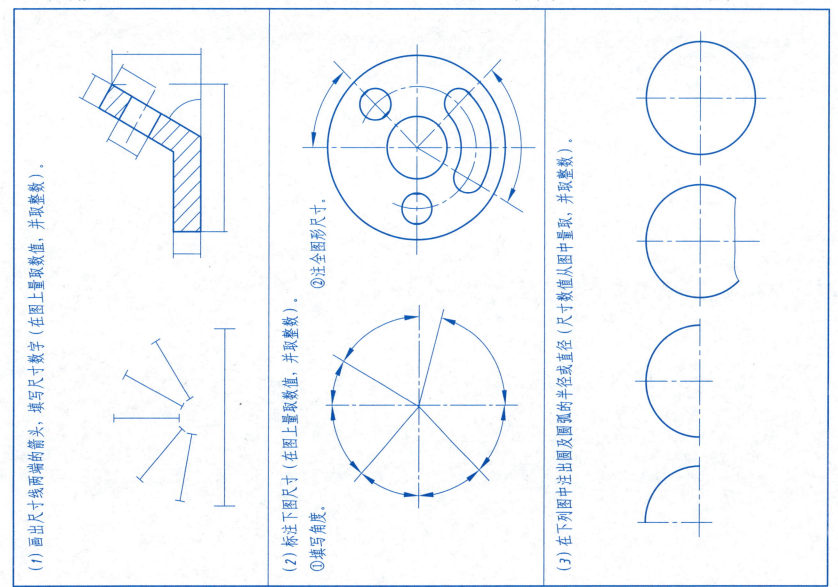

(1) 画出尺寸线两端的箭头，填写尺寸数字（在图上量取数值，并取整数）。

(2) 标注下图尺寸（在图上量取数值，并取整数）。
① 填写角度。
② 注全图形尺寸。

(3) 在下列图中注出圆及圆弧的半径或直径（尺寸数值从图中量取，并取整数）。

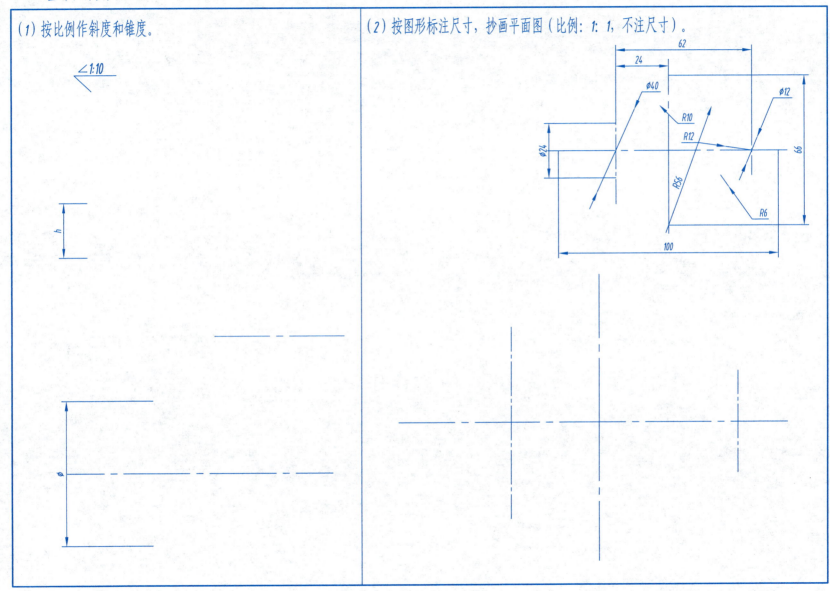

1-5 基本几何作图——绘图作业　　　　　　　　　　　　　　专业班级　　　　　姓名

(1) 根据图形及尺寸，按1:1比例抄画在A4幅面图纸上并注尺寸。　　(2) 根据图形及尺寸，按1:1比例抄画在A3幅面图纸上并注尺寸。

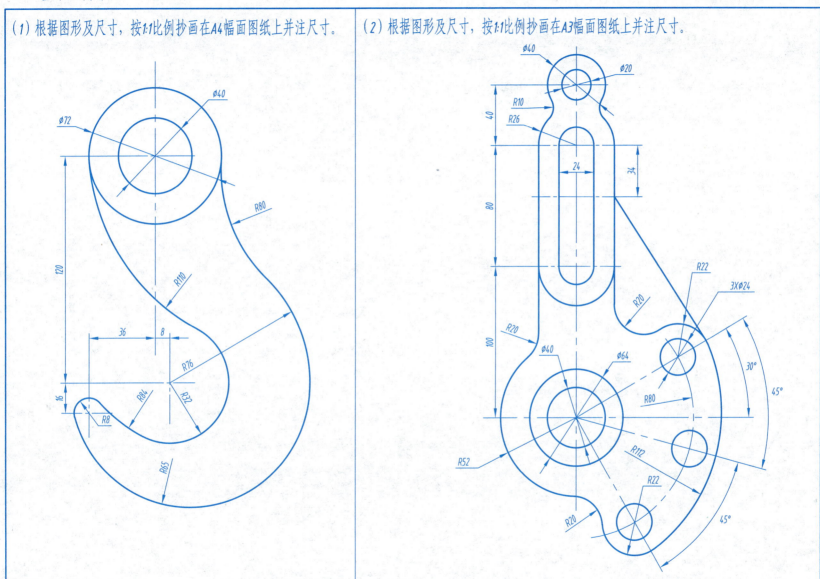

2 点、直线、平面的投影 2-1 点的投影（1）

(1) 已知下列各点的坐标，作出它们的三面投影。
A（35，40，25），B（25，30，15），C（15，0，35）

(2) 已知下列各点对投影面的距离，作出它们的三面投影。

	距H面	距V面	距W面
A	15	30	25
B	20	0	35
C	0	25	15

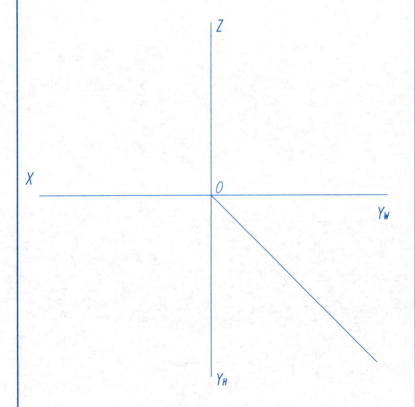

2-2 点的投影（2）　　　　　　　　　　　　　　　　　　　　专业班级　　　　　　姓名

(1) 已知A、B、C三点的两面投影，作出其第三面投影。

(2) 已知点A的三面投影，作出B、C两点的三面投影并判别可见性（不可见点的投影加括号）。
　①点B在点A的正上方15mm。②点C在点A的正右方10mm。

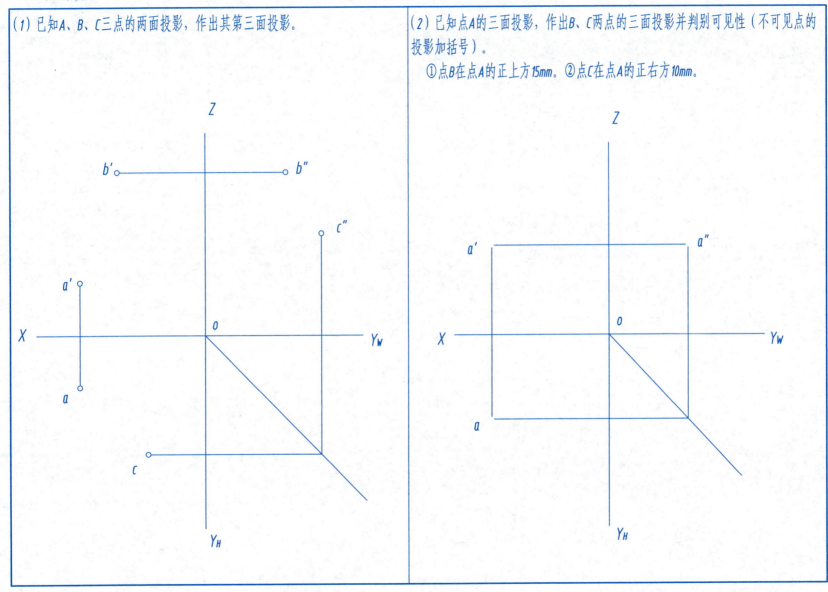

2-3 直线的投影（1）　　专业班级　　姓名

根据直线的两面投影求作第三投影，并判别各直线对投影面的相对位置。

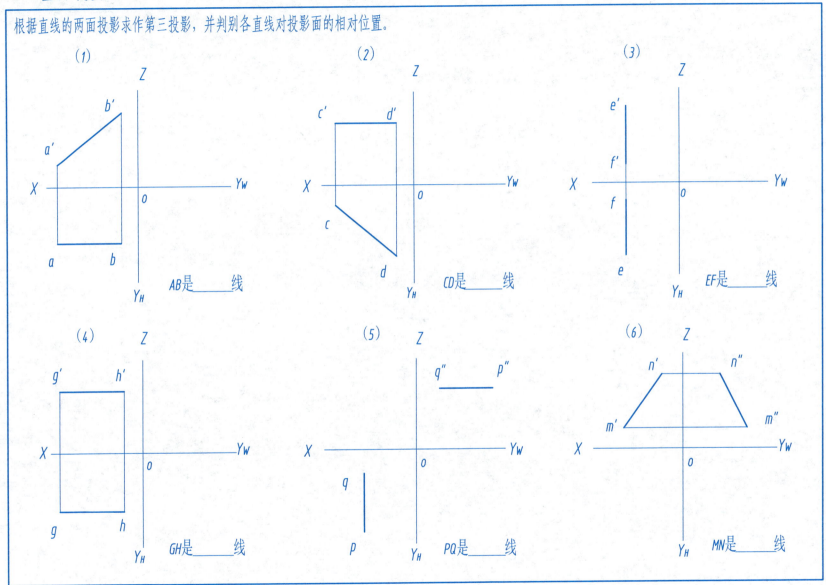

2-4 直线的投影（2）　　　　　　　　　　　　　　专业班级　　　　　姓名

（1）已知直线AB两端点的坐标为A（30,25,0），B（10,10,35），求作AB的三面投影。

（2）已知F点距H面为40mm，作出EF的三面投影。

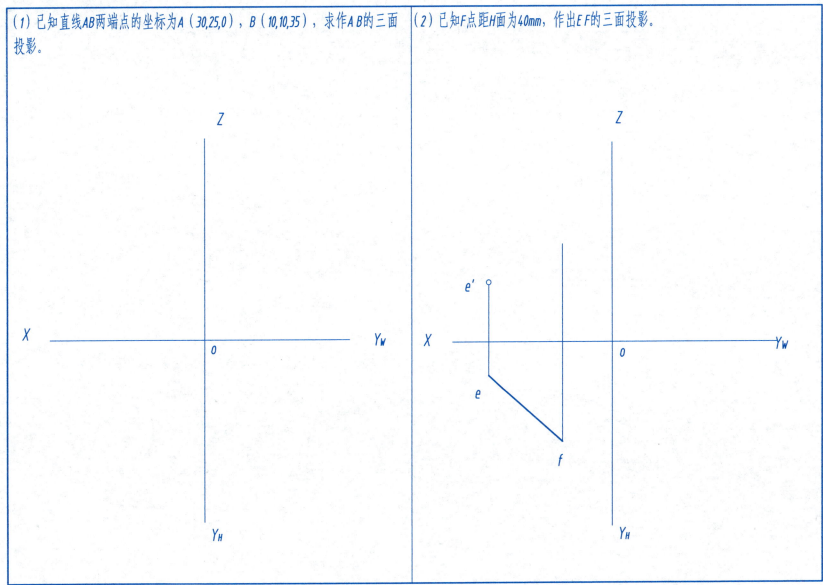

2-5 直线的投影（3）　　　　　　　　　　　　　　　　　　专业班级　　　　　　姓名

(1) 已知正平线AB距V面25mm，与H面倾角α=60°，实长30mm，作出其三面投影。(2) 已知水平线CD距H面25mm，与V面倾角β=45°，实长30mm，作出其三面投影。

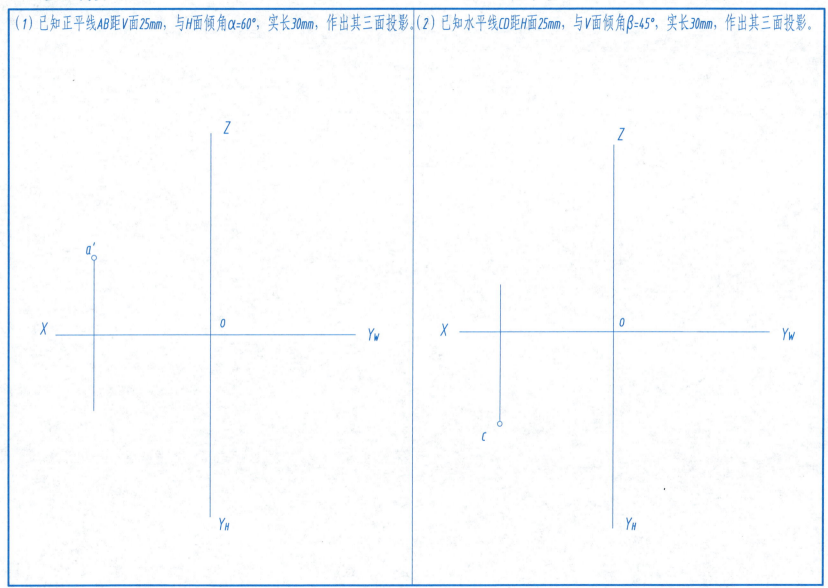

2-6 直线的投影（4）　　　　　　　　　　　　　　　　　　　　专业班级　　　　　　姓名

(1) 已知侧平线EF距W面25mm，与V面夹角β=30°，实长30mm，作出其三面投影。

(2) 已知铅垂线MN距V面25mm，距W面30mm，下端点N距H面10mm，实长30mm，作出其三面投影。

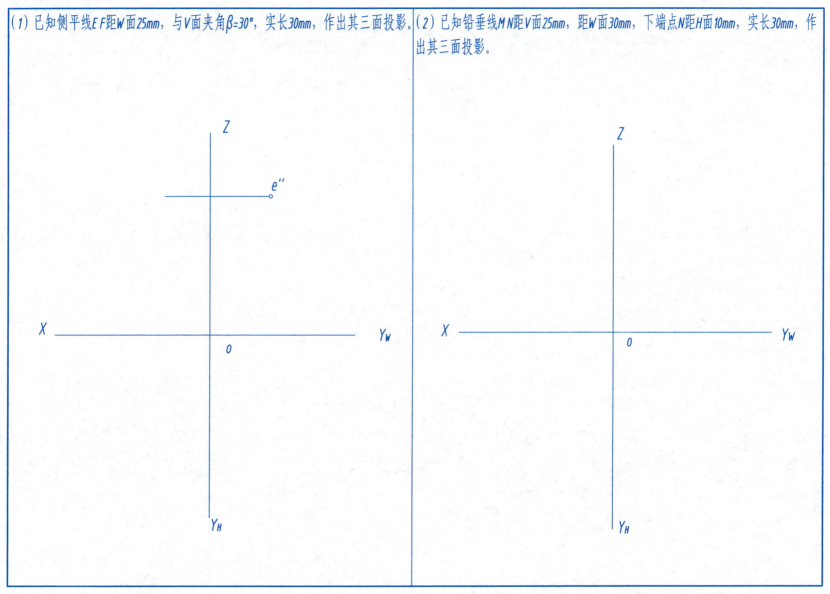

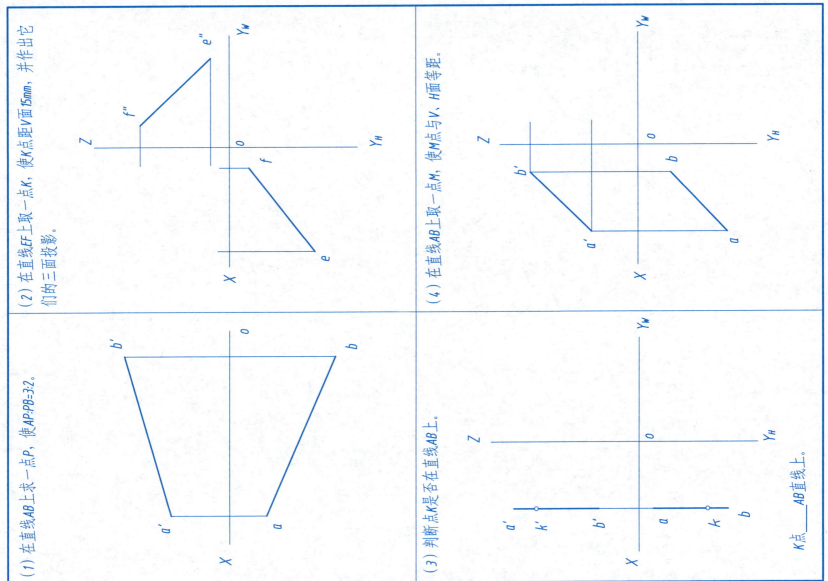

2-8 平面的投影（1）　　　　　　　　　　　　专业班级　　　　姓名

判别下列各平面对投影面的相对位置（倾斜、平行、垂直三类情况中的哪一种状态）。

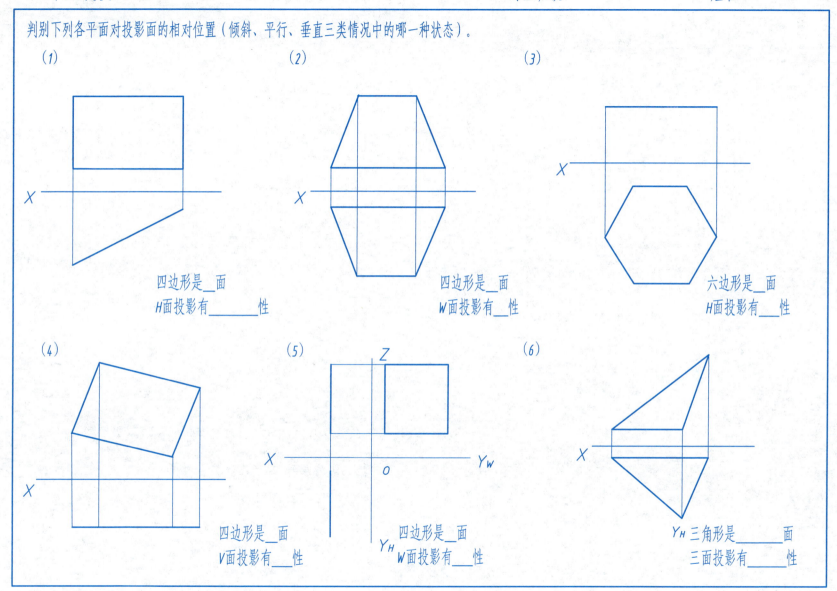

(1) 四边形是__面　H面投影有_____性

(2) 四边形是__面　W面投影有__性

(3) 六边形是__面　H面投影有__性

(4) 四边形是__面　V面投影有__性

(5) 四边形是__面　W面投影有__性

(6) 三角形是_____面　三面投影有_____性

2-9 平面的投影（2）　　　　　　　　　　　　　　　　　　　专业班级　　　　姓名

(1) 作出平面图形的水平投影，并标出倾角 α、β。

(2) 作出平面图形的侧面投影。

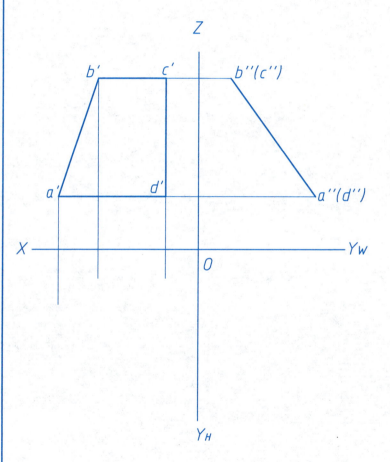

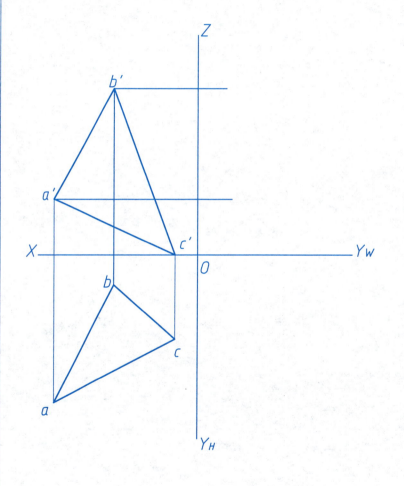

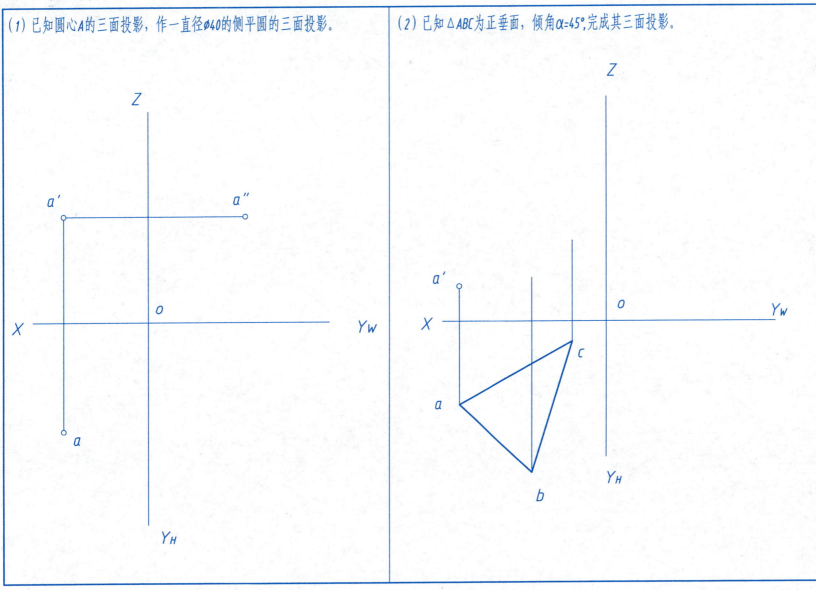

2-11 平面上的点和直线（1）　　　　　　　　　　　　　　专业班级　　　　　　　姓名

(1) 作图判断点K和直线MN是否在△ABC平面上。

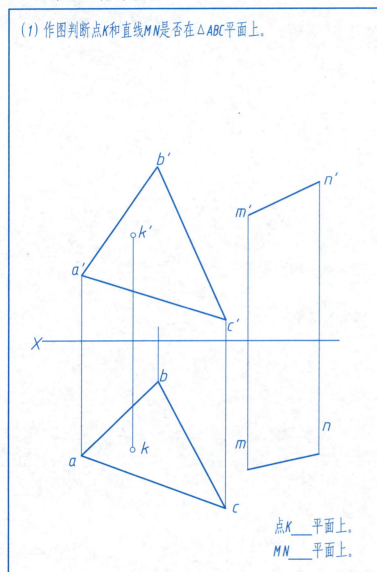

点K____平面上。
MN____平面上。

(2) 已知点P和线段EF均在△ABC平面上，完成其三面投影。

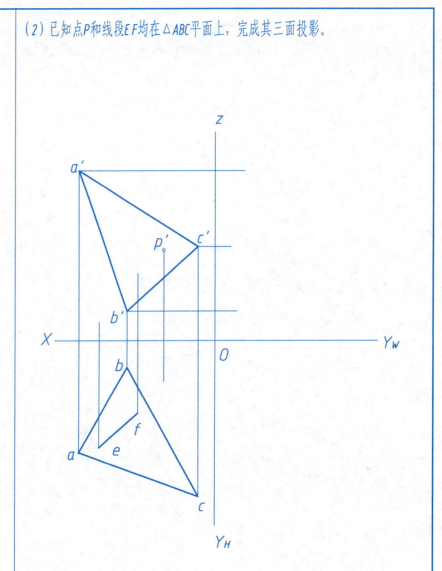

2-12 平面上的点和直线（2）　　　　　　　　　　　　　　专业班级　　　　　姓名

(1) 补全四边形平面的水平投影。

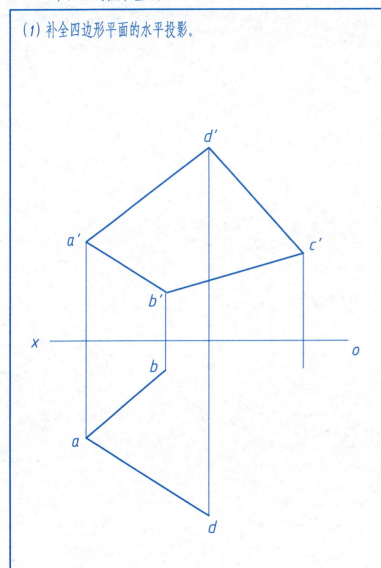

(2) 判断A、B、C、D四点是否在同一平面内。

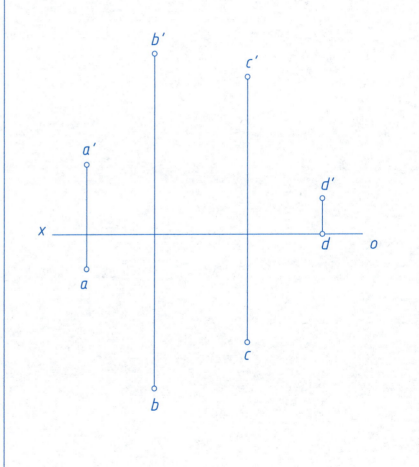

2-13 平面上的点和直线（3）　　　　　　　　　　　　专业班级　　　　姓名

(1) 在△ABC内求作一点K，使K点距V面30mm，距H面25mm。

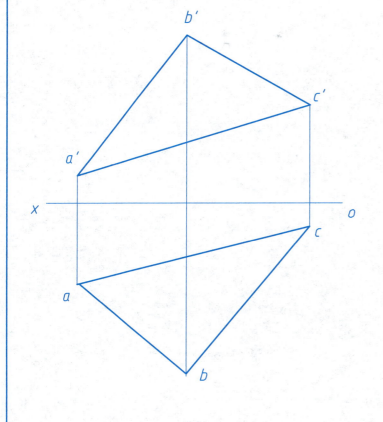

(2) 作图判断相互平行的三条直线AB、CD、EF是否在同一平面内。

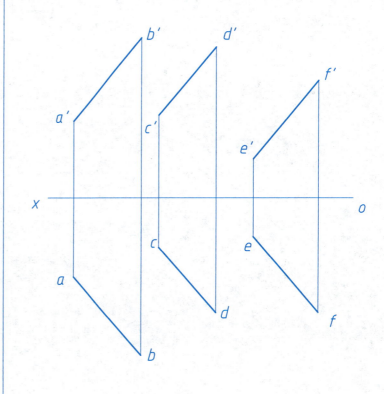

3 立体的投影   3-1 立体的投影（1）

专业班级　　　　　姓名

(1) 求作正六棱柱的侧面投影并标出表面上各点的三面投影（不可见点加括弧）。

(2) 求作三棱锥的侧面投影并标出表面上各点的三面投影（不可见点加括弧）。

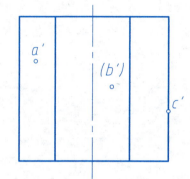

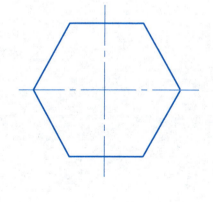

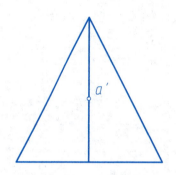

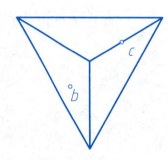

3-2 立体的投影（2）　　　　　　　　　　　　　　　　　专业班级　　　　　姓名

(1) 求圆柱的水平投影及其表面上各点的三面投影。

(2) 求圆锥的侧面投影及其表面上各点的三面投影。

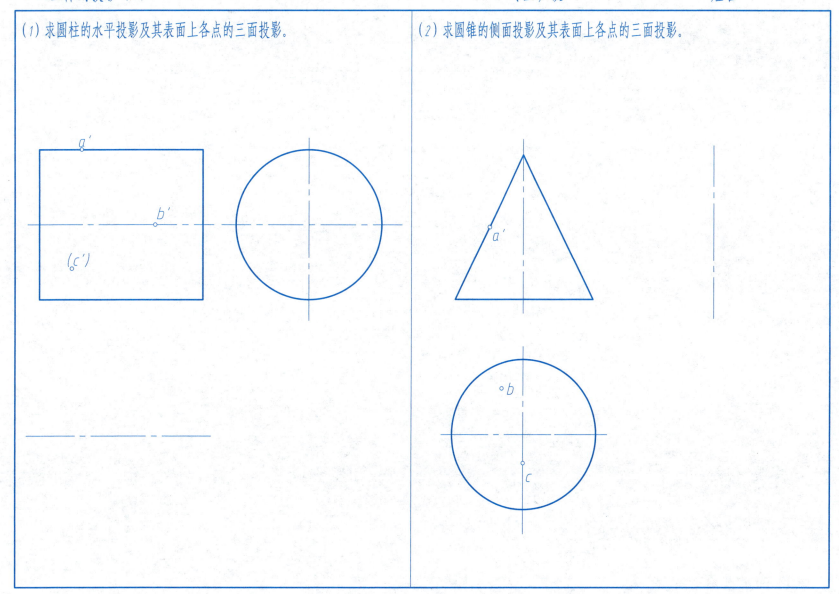

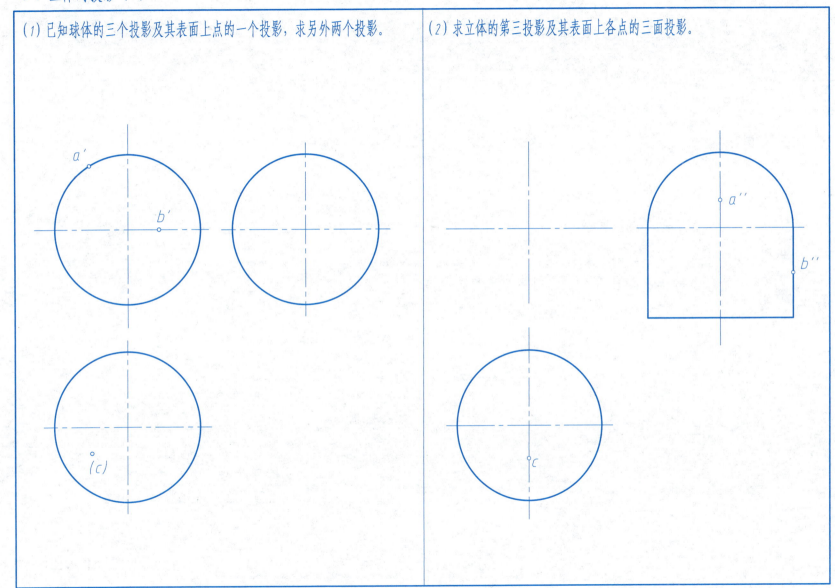

3-4 平面与立体相交求截交线（1）　　　　专业班级　　　姓名

(1) 完成四棱柱被截切后的三面投影。

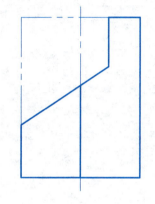

(2) 完成四棱锥被截切后的三面投影。

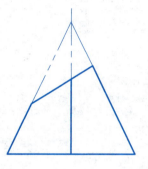

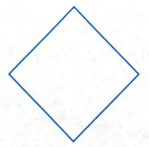

3-5 平面与立体相交求截交线（2）　　　　　　　　　　　专业班级　　　姓名

(1) 完成圆柱被截切后的三面投影。　　　　　　(2) 完成圆柱被截切后的三面投影。

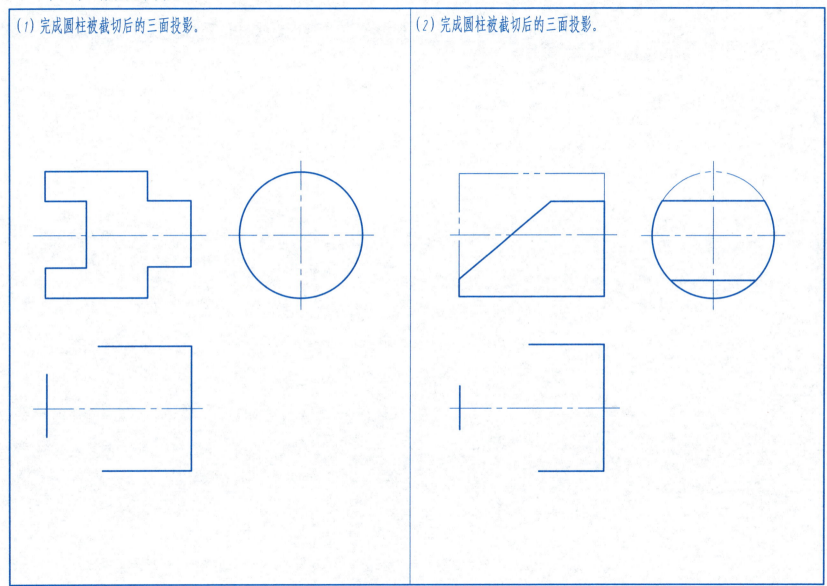

3-6 平面与立体相交求截交线（3）　　　　　　　专业班级　　　　姓名

(1) 完成圆锥被截切后的三面投影。

(2) 完成球体被截切后的三面投影。

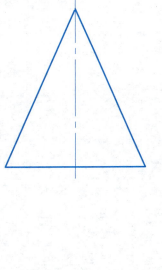

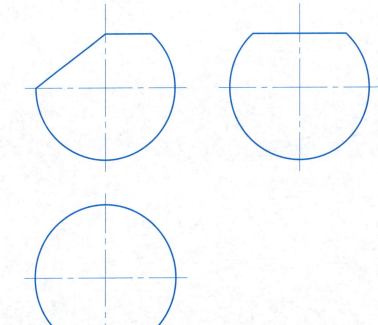

3-7 平面与立体相交求截交线（4）　　　　　　　　　　　专业班级　　　　姓名

(1) 完成立体被截切后的交线的投影。　　　　　　(2) 完成圆筒体缺口交线的投影。

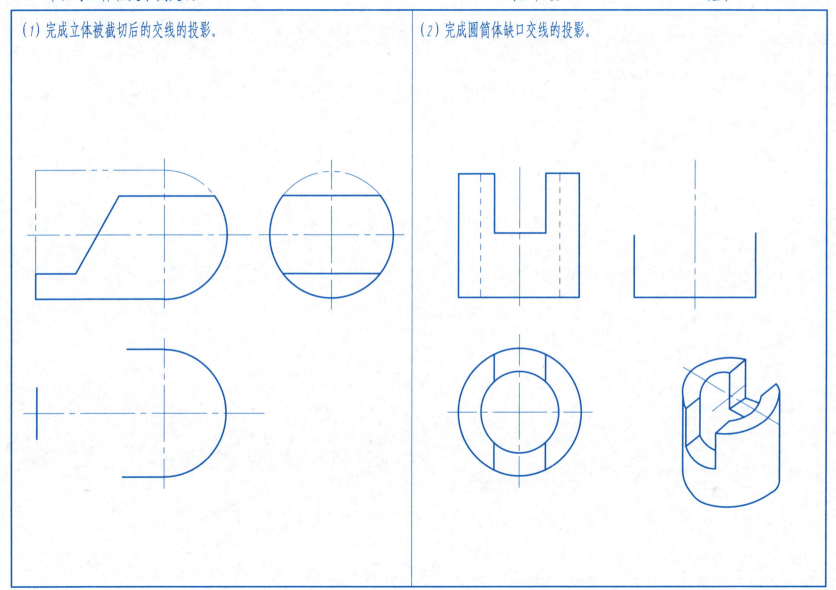

3-8 平面与立体相交求截交线 (5)　　　　　　　　　　　　专业班级　　　　　姓名

(1) 完成圆柱穿方孔的交线的侧面投影。

(2) 完成圆筒穿方孔的交线的正面投影。

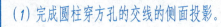
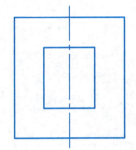
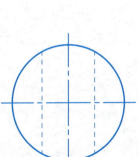

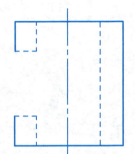
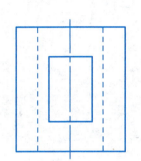
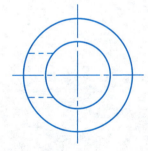

3-9 平面与立体相交求截交线　　　　专业班级　　　姓名

(1)　　　　　　　　　　(2)

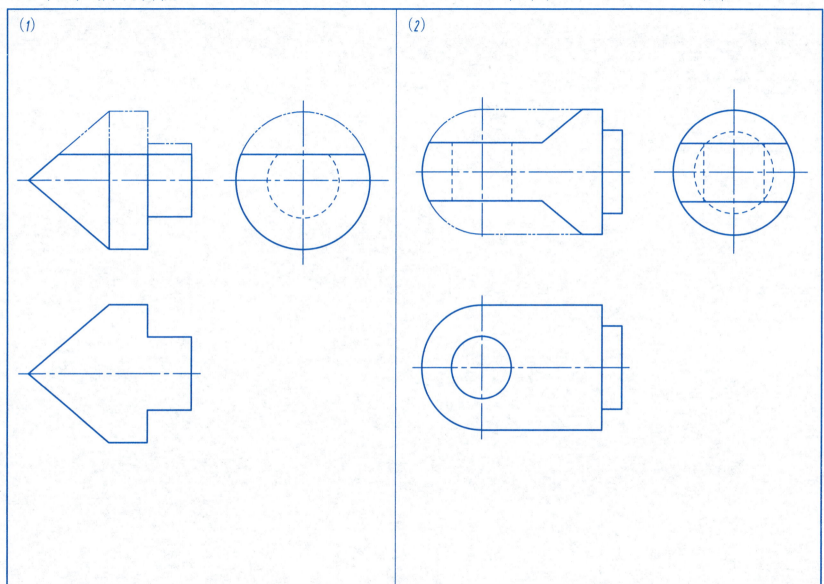

3-10 立体与立体相交求相贯线（1） 专业班级 姓名

(1) 求两圆柱正交的交线的投影（可用近似画法）。

(2) 求圆柱穿孔的交线的投影（可用近似画法）。

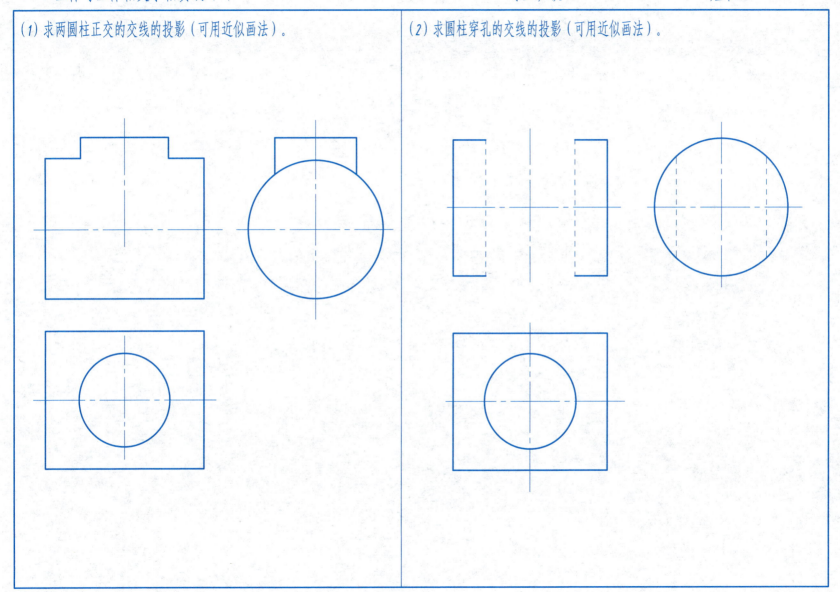

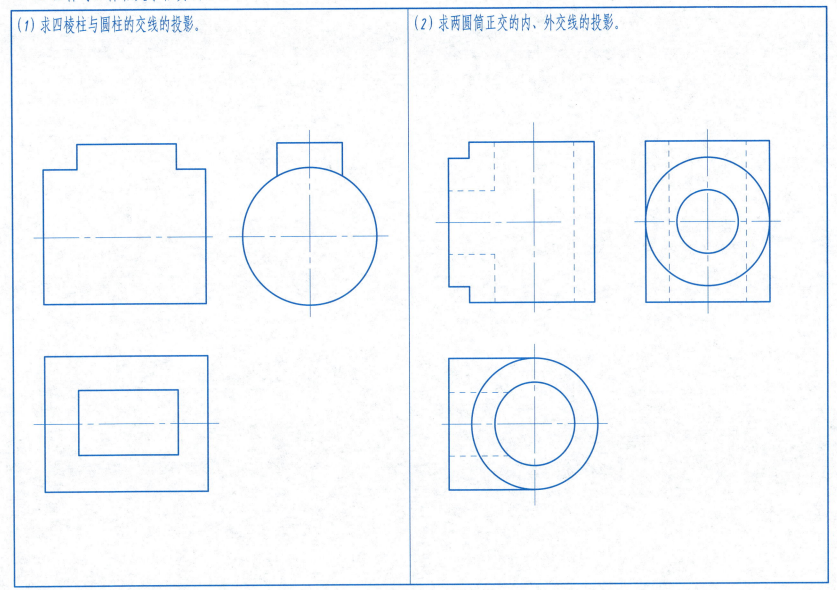

3-12 立体与立体相交求相贯线（3） 专业班级 姓名

(1) (2)

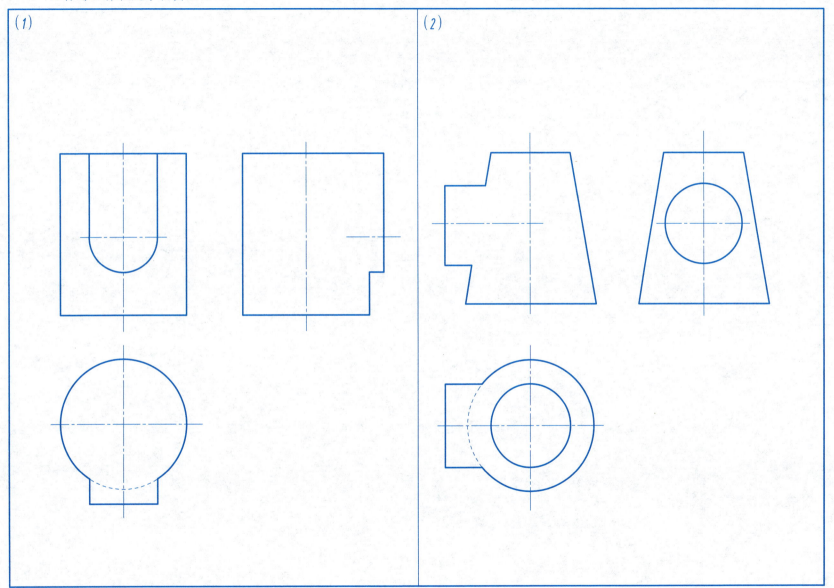

3-13 立体与立体相交求相贯线（4） 专业班级 姓名

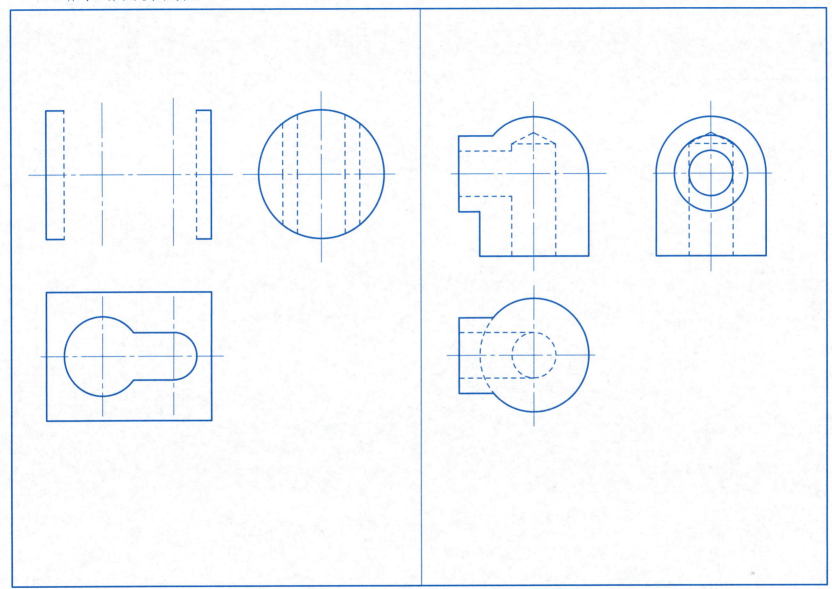

3-14 立体与立体相交——相贯的特殊情况　　　　专业班级　　　姓名

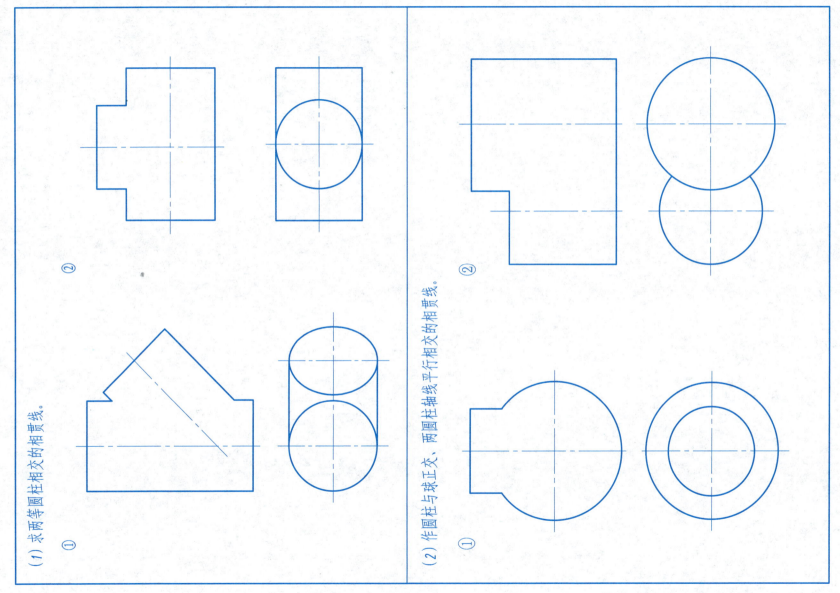

(1) 求两等圆柱相交的相贯线。
(2) 作圆柱与球正交、两圆柱轴线平行相交的相贯线。

3-15 选择填空——看图练习　　　　　　　专业班级　　　　姓名

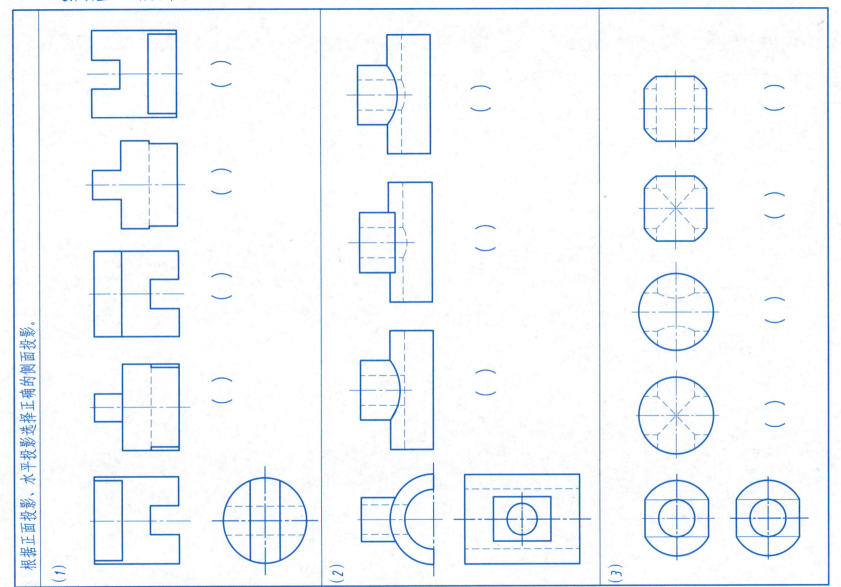

根据正面投影、水平投影选择正确的侧面投影。

(1)　(2)　(3)

4 组合体的视图及尺寸标注　　4-1 参照立体图补画第三视图（1）　　专业班级　　　　姓名

(1)　　　　　　　　　　　　　　　　　　　(2)

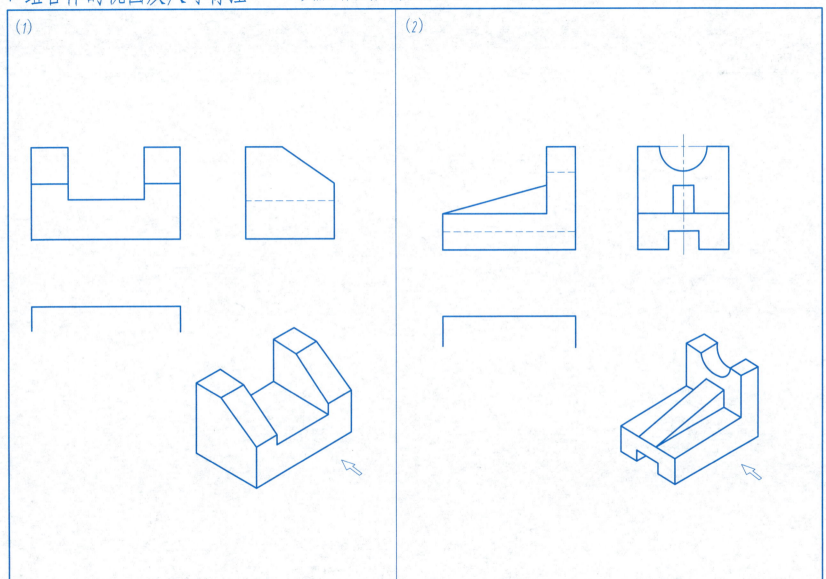

4-2 参照立体图补画第三视图（2） 专业班级 姓名

(1)

(2)

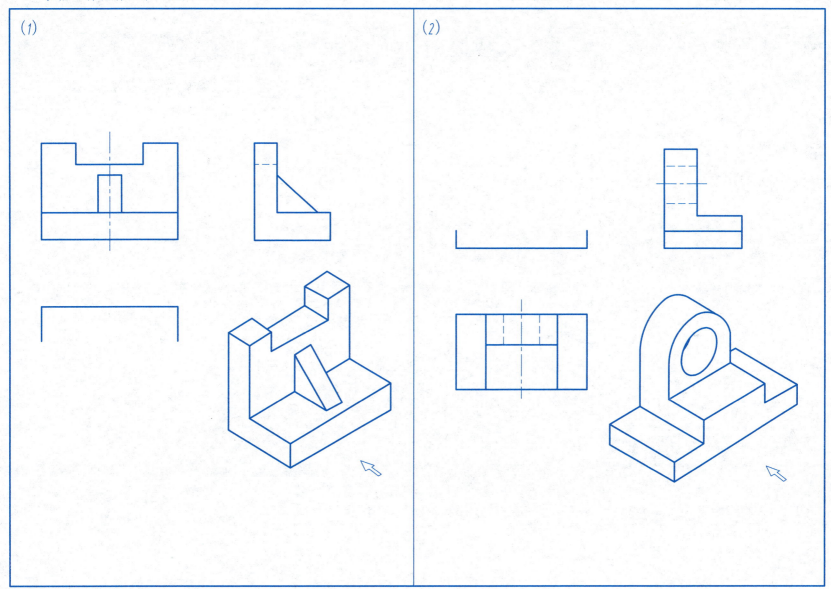

.35.

4-3 参照立体图画全三视图(未知尺寸按1:1从立体图中量取整数)　　专业班级　　姓名

(1)　　(2)

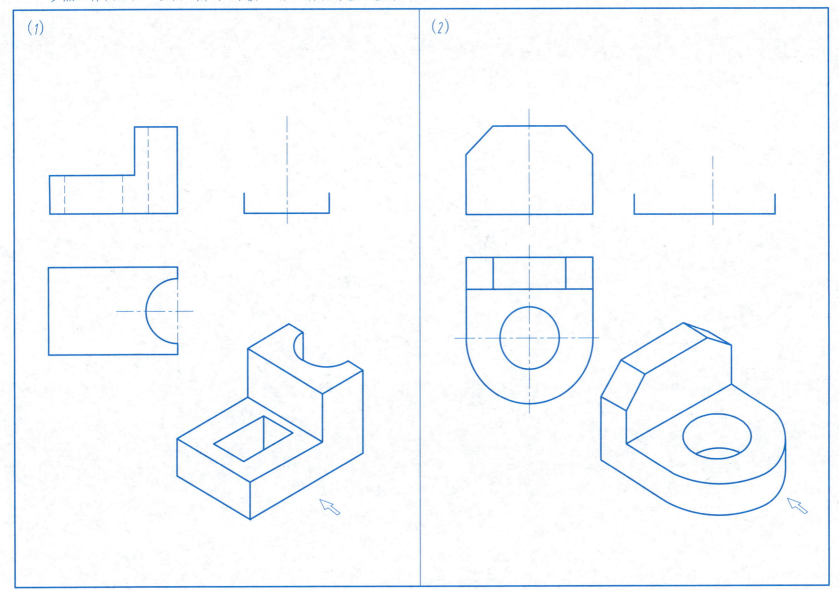

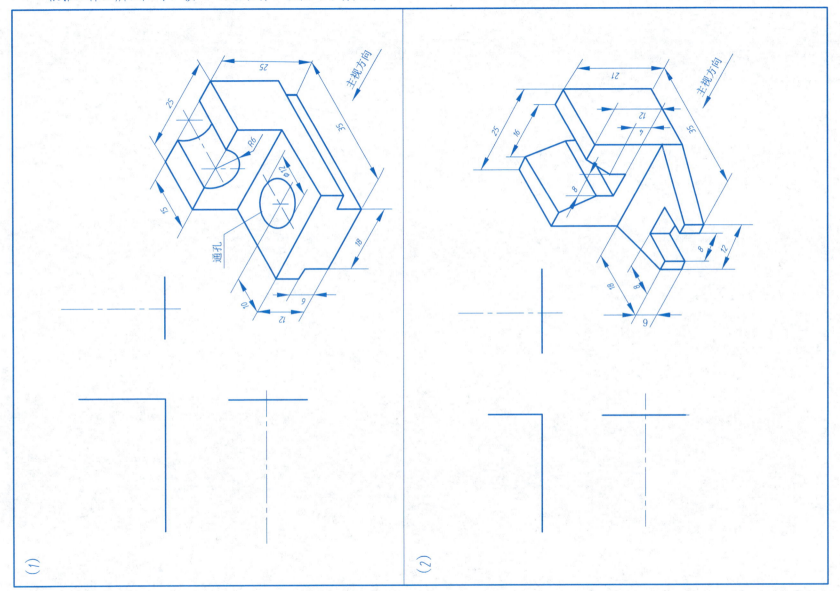

4-5 组合体尺寸标注　　　　　　　　　　　　　　　　　　　专业班级　　　　　姓名

(1) 补全图中遗漏的6个尺寸（按1:1量取并圆整）。

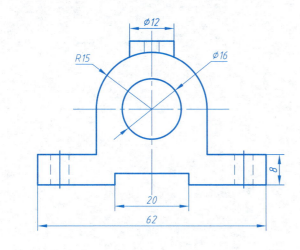

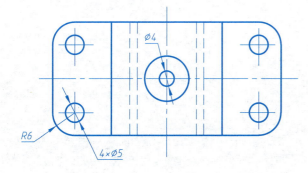

(2) 注全组合体尺寸（按1:1量取并圆整）。

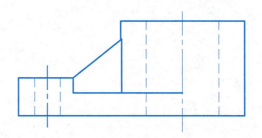

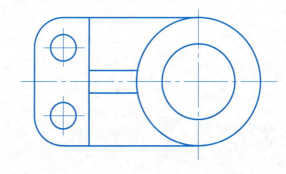

4-6 根据两视图求作第三视图（1） 专业班级 姓名

(1)

(2)

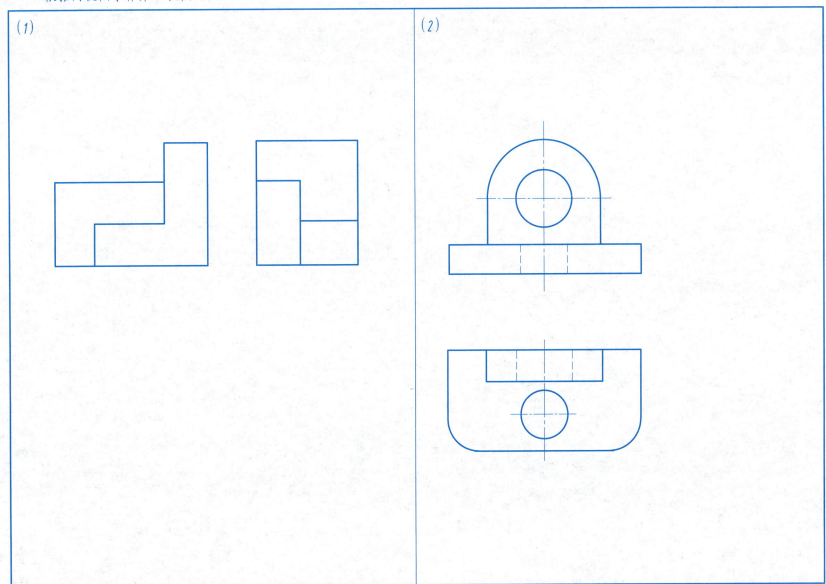

4-7 根据两视图求作第三视图（2） 专业班级 姓名

(1) (2)

4-8 根据两视图求作第三视图（3）　　　　专业班级　　　姓名

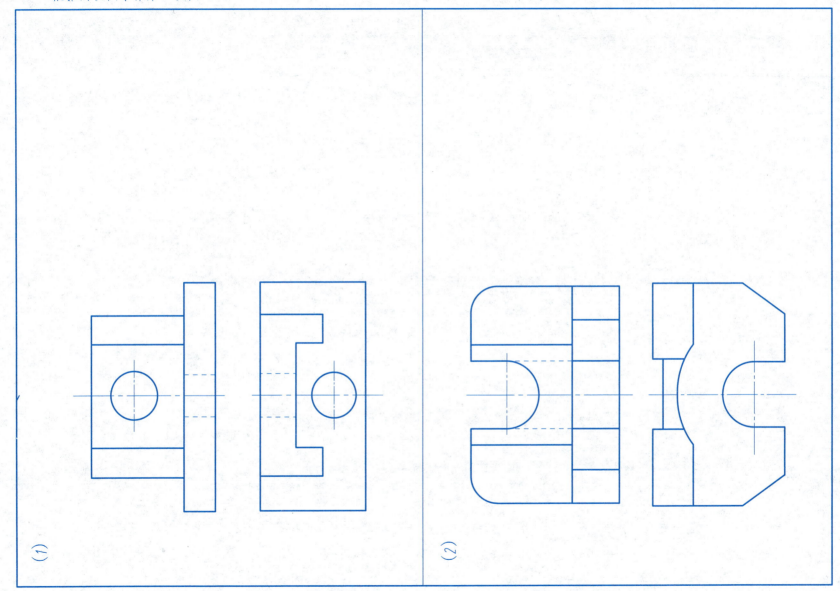

(1)　　(2)

4-9 根据两视图求作第三视图（4） 专业班级 姓名

(1) (2)

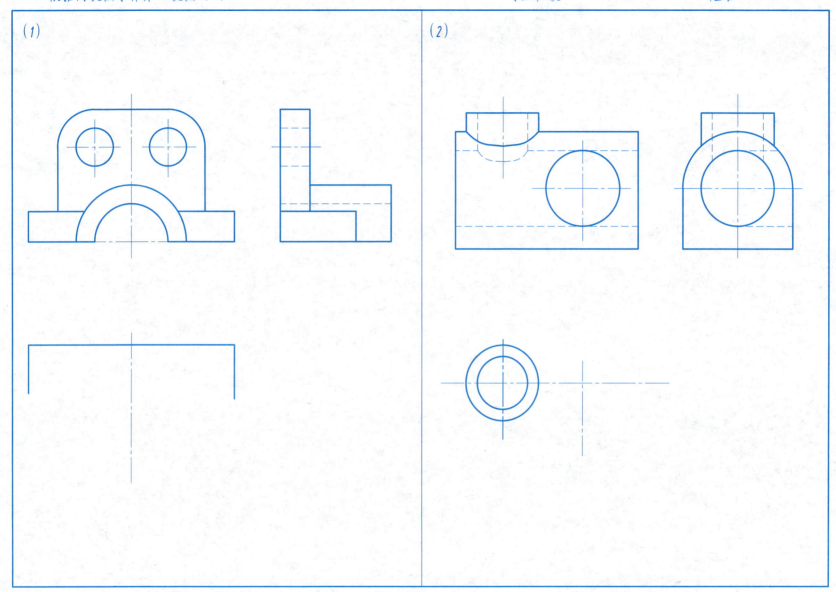

4-10 根据两视图求作第三视图（5） 专业班级 姓名

(1)

(2)

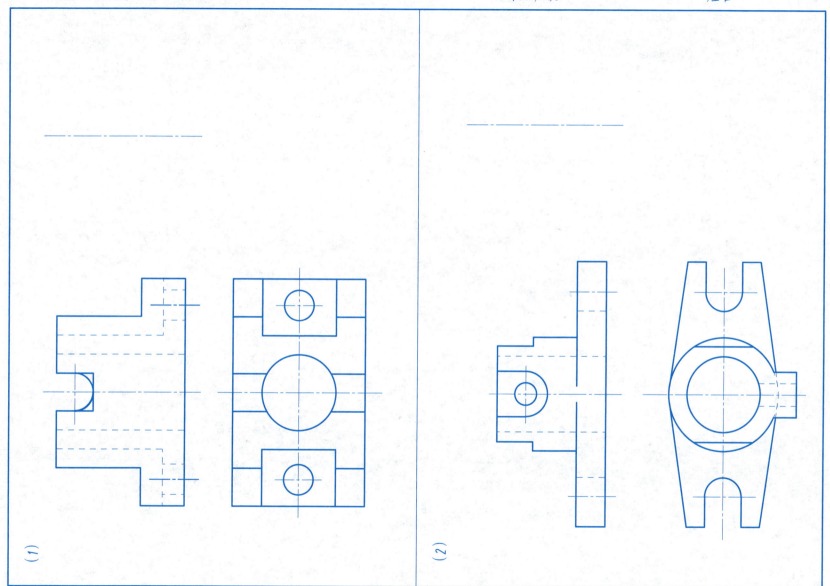

4-11 补齐视图中所缺的图线 (1)　　　　　　　　　　　　　专业班级　　　　　　姓名

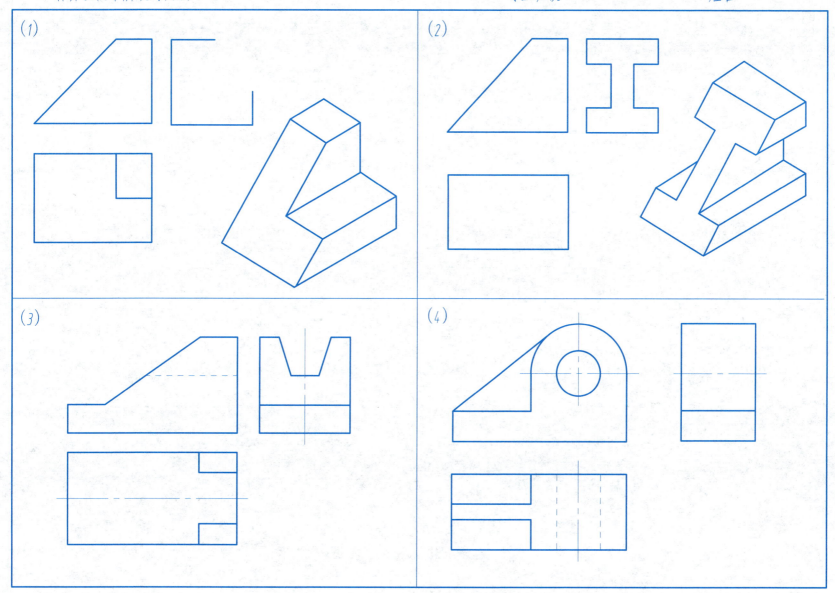

4-12 补齐视图中所缺的图线（2） 专业班级 姓名

根据俯视图的各种变化，补齐相应主视图中所缺的线条。

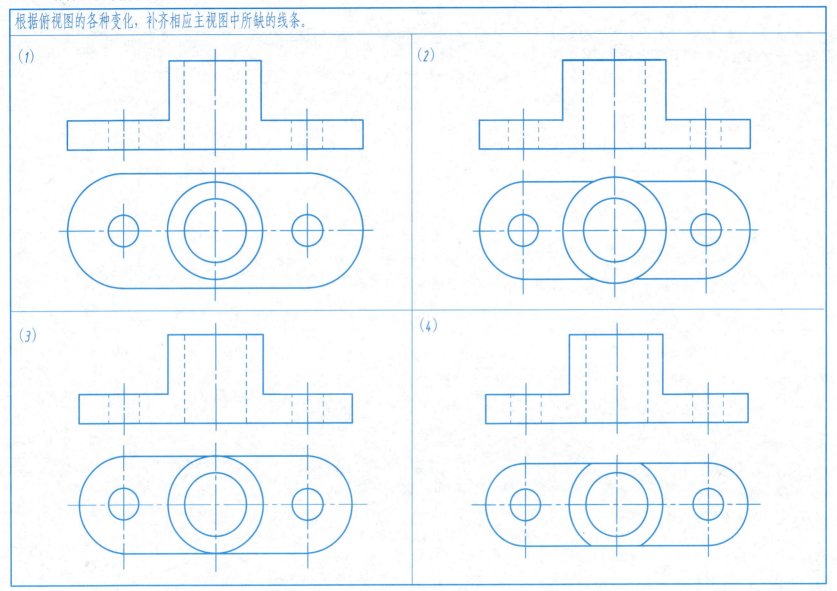

4-13 补齐视图中所缺的图线（3）　　　　　专业班级　　　　姓名

(1)　　　　　　　　　　　　　　　　　(2)

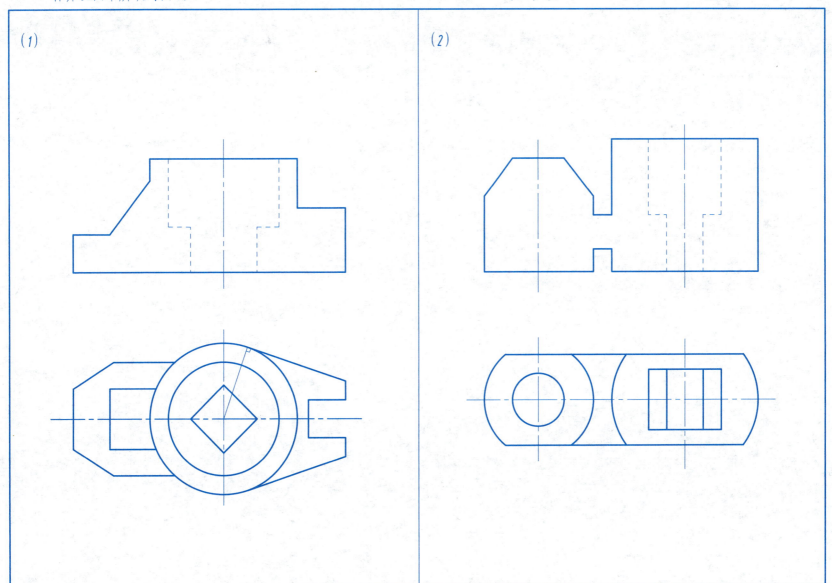

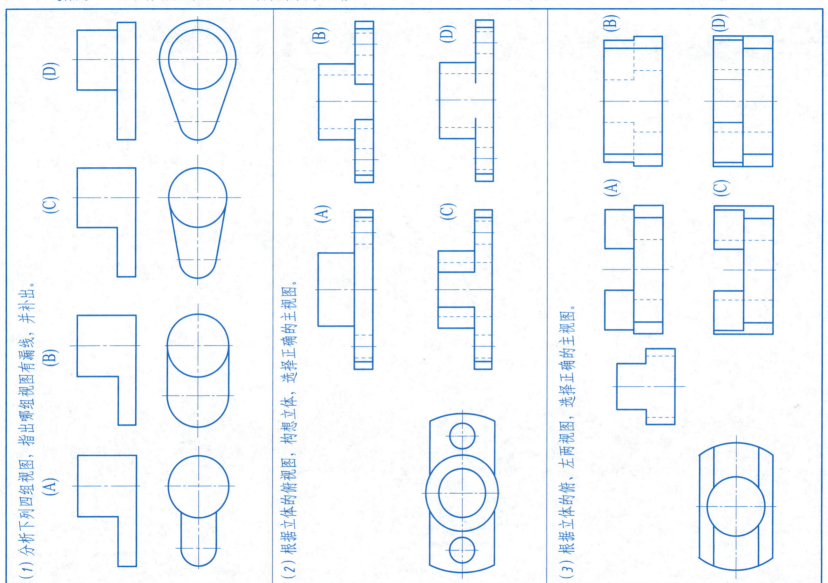

5 表示机件的各种方法　5-1 基本视图

根据已给的主、俯、左三视图，补画出该形体的右视图和仰视图。

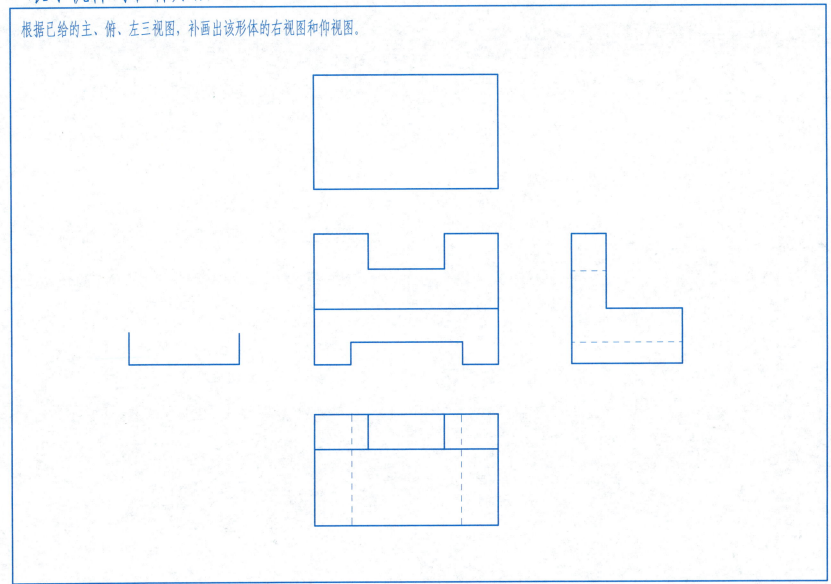

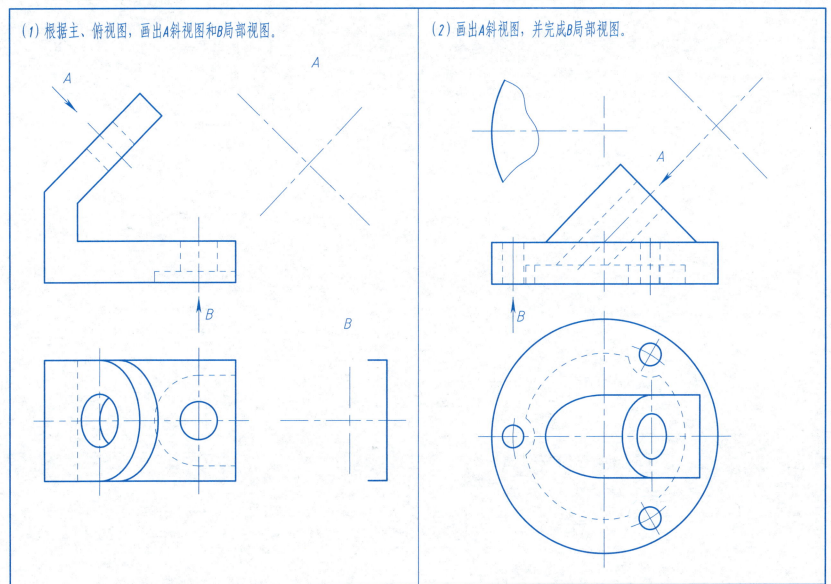

5-3 剖视图（1） 专业班级 姓名

根据零件的轴测图及俯视图，将主视图画成全剖视图，高度尺寸从轴测图上量取整数。

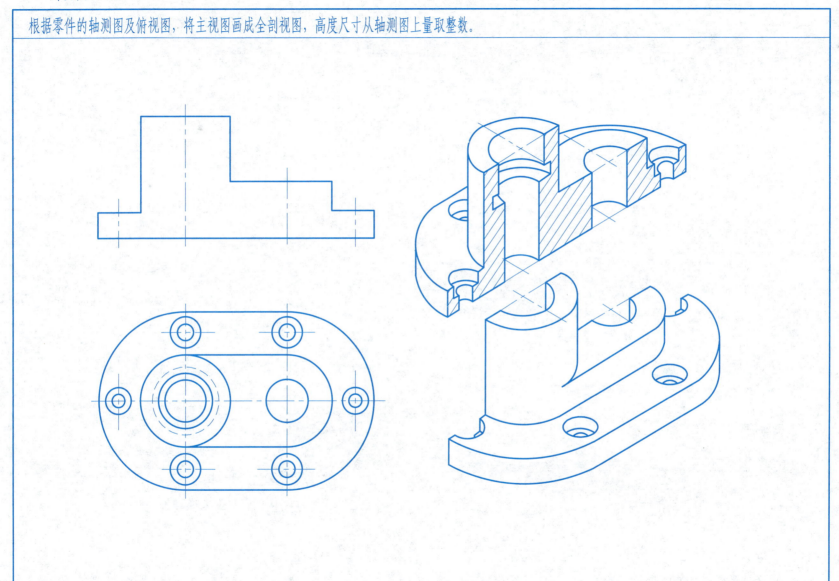

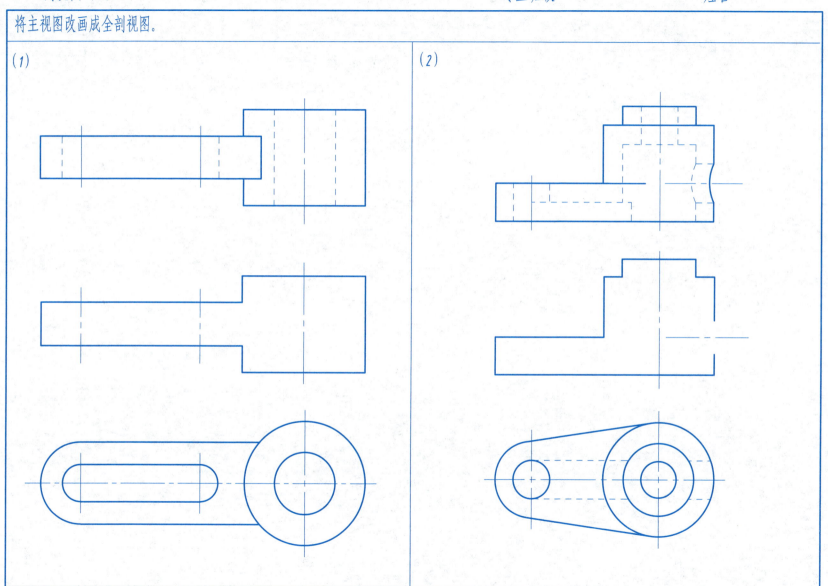

5-5 剖视图（3）　　　　　　　　　　　　　　　　　　专业班级　　　　　姓名

(1) 在指定位置，将主视图改画成全剖视图。

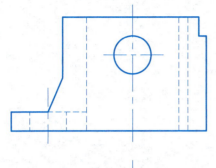

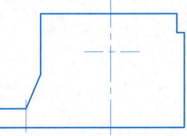

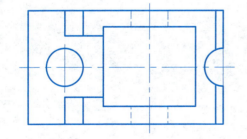

(2) 指定位置，将主视图改画成全剖视图。

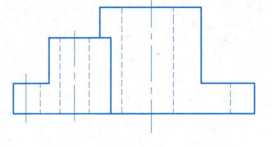

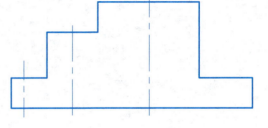

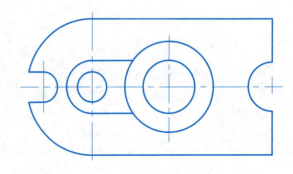

5-6 剖视图（4）　　　　　　　　　　　　　　　　　　　专业班级　　　　　姓名

(1) 求作主视图的半剖视及左视图的全剖视。

(2) 求作主视图的全剖视。

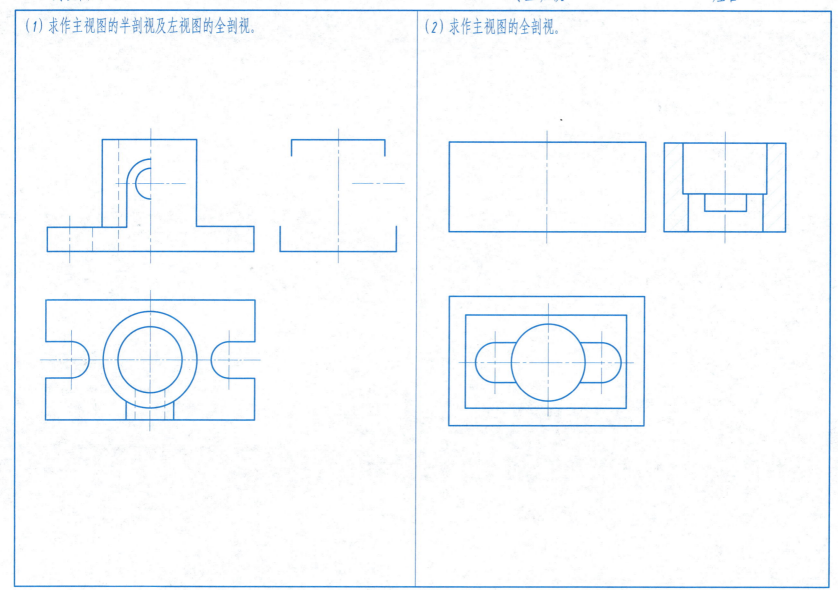

5-7 剖视图（5）

(1) 将主视图画成全剖视图

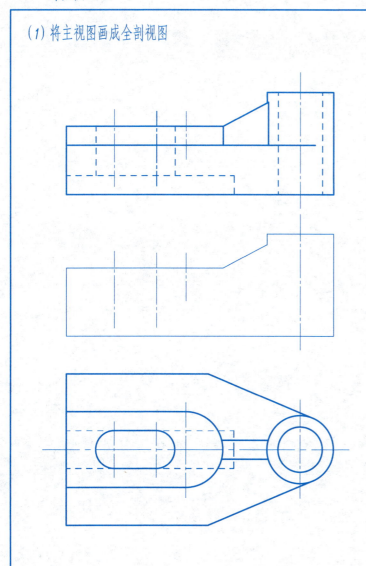

(2) 作C-C全剖视图

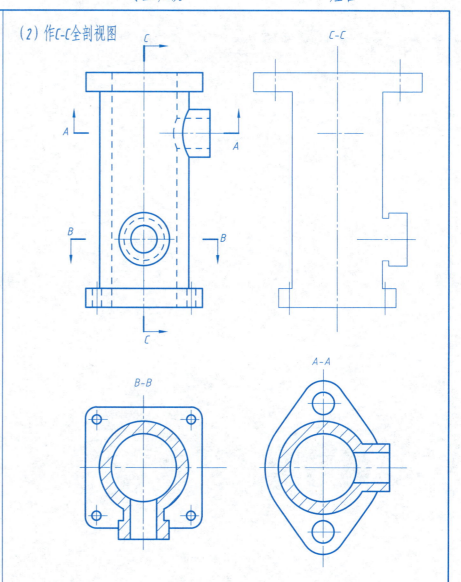

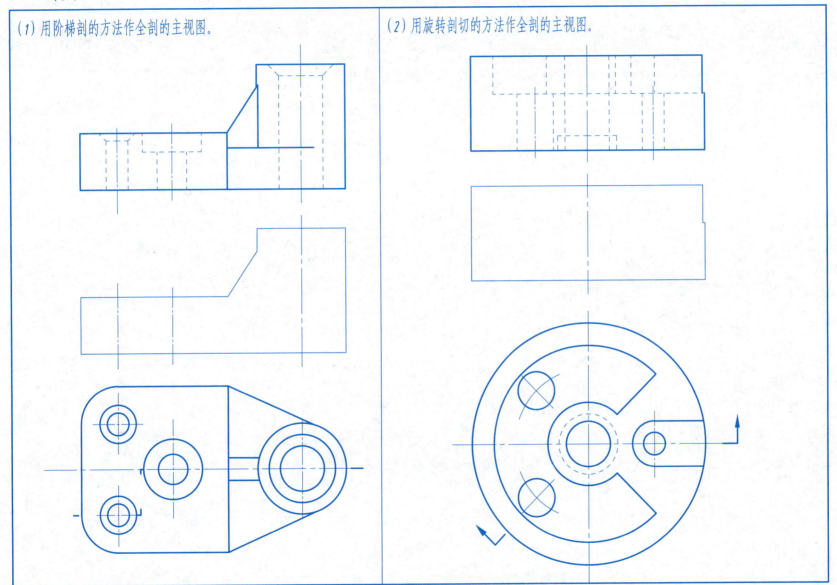

5-9 剖视图（7）

(1) 分析局部剖视图中波浪线画法的错误，在右方作出正确的局部剖视图。

(2) 将主视图画成局部剖视图。

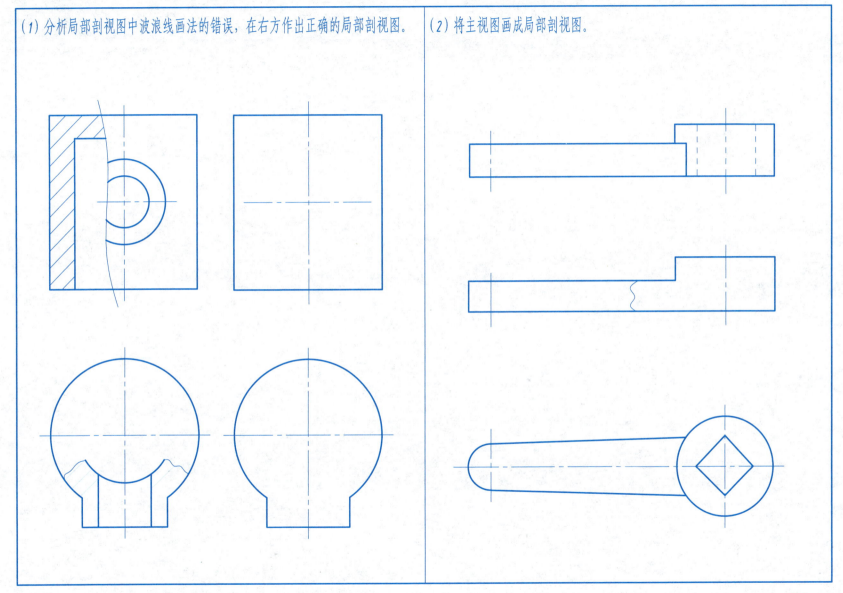

5-10 剖视图——补缺线（1）　　　　　　专业班级　　　　姓名

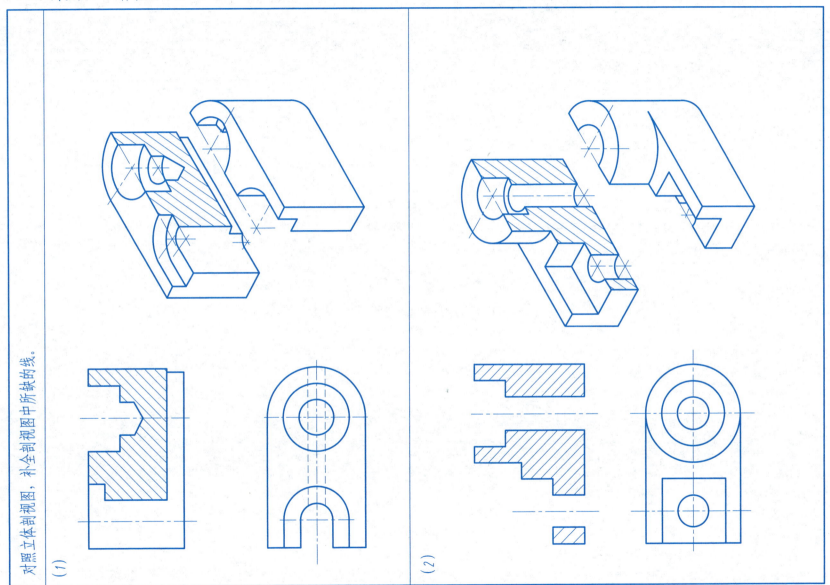

对照立体剖视图，补全剖视图中所缺的线。

(1)　(2)

5-11 剖视图——补缺线（2）　　专业班级　　姓名

5-12 剖视图——补缺线（3） 专业班级 姓名

(1)

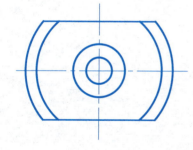

(2)

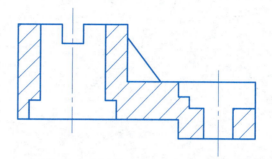

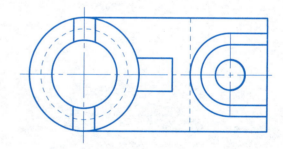

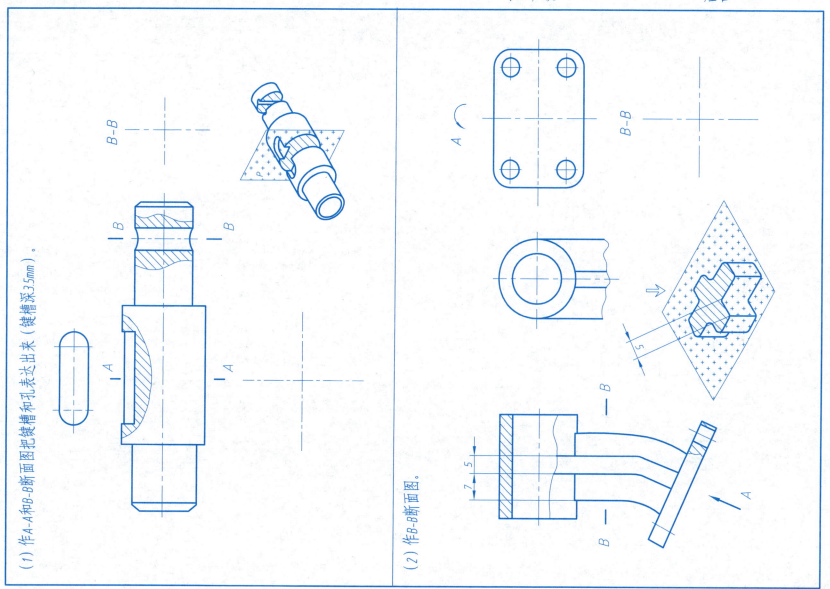

5-14 剖视综合练习（1） 专业班级 姓名

将组合体主视图画成全剖视图，左视图画成半剖视图。

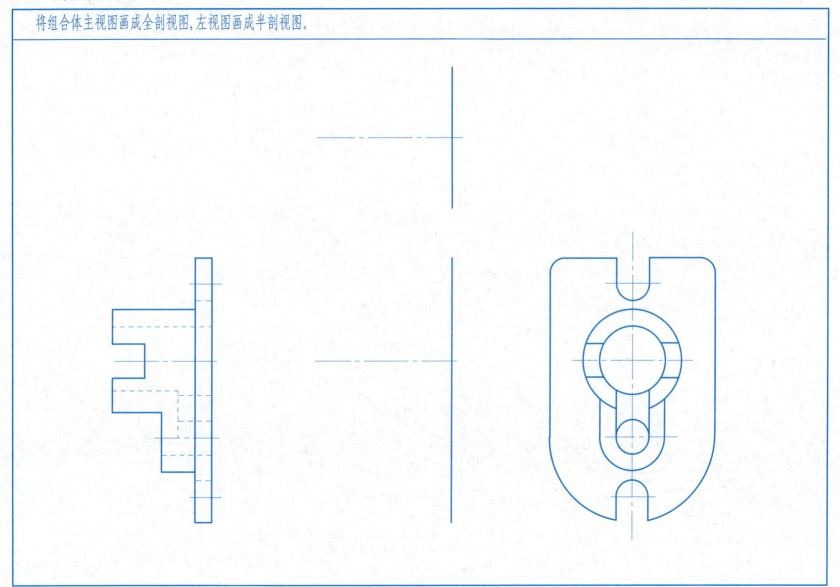

5-15 剖视综合练习（2）　　　　　专业班级　　　姓名

将组合体主视图画成半剖视图，左视图画成全剖视图。

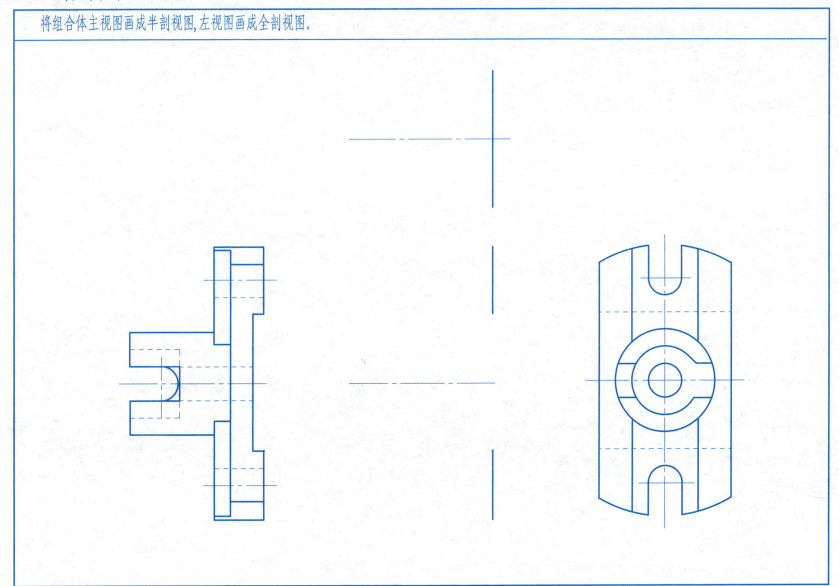

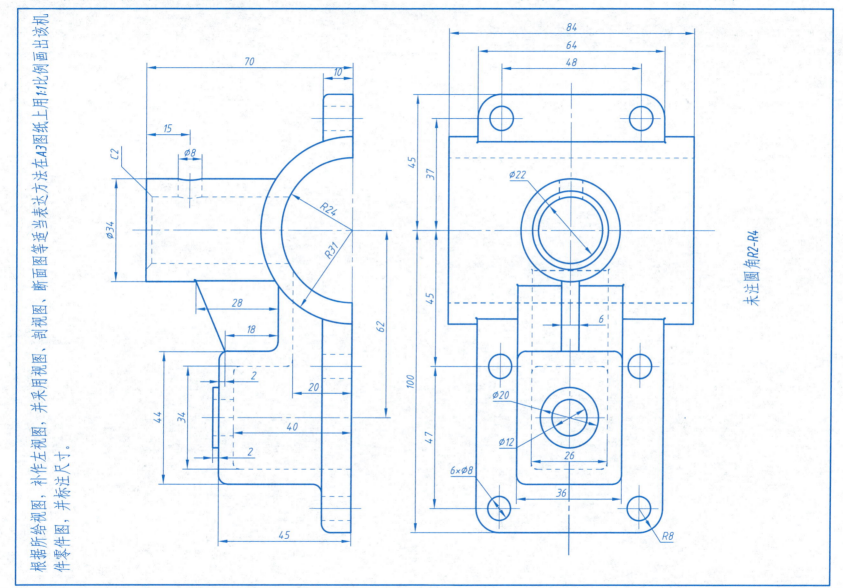

6 轴测图   6-1 轴测图(1)

专业班级　　　姓名

根据已给视图，画出物体的正等轴测图。

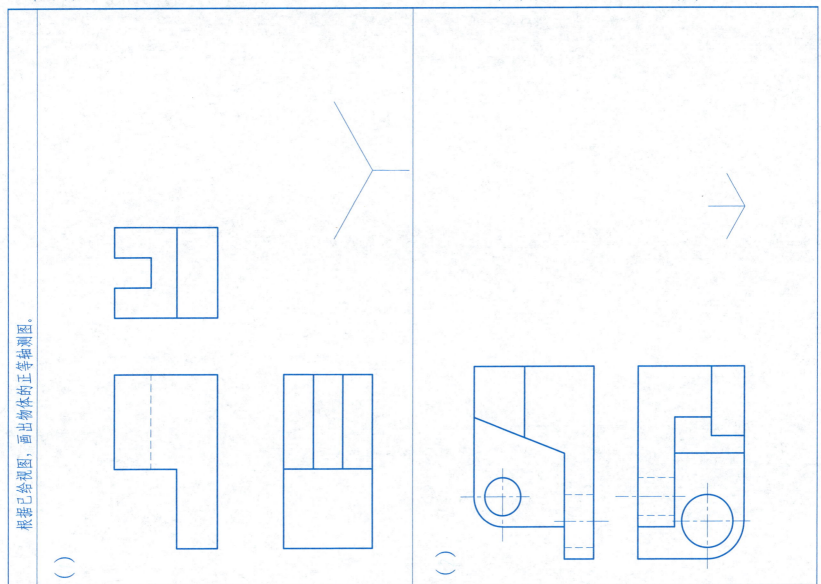

6-2 轴测图（2）　　　　　　　　　　　　　　　专业班级　　　　　姓名

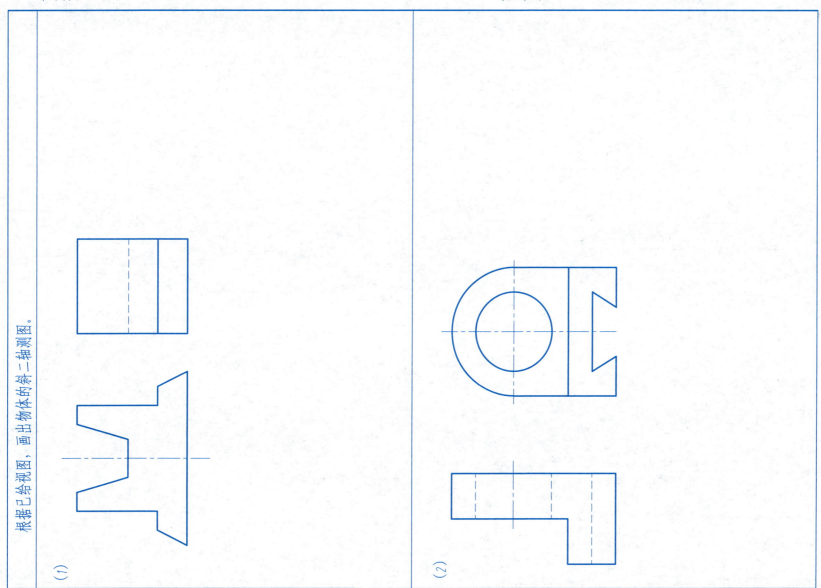

根据已给视图，画出物体的斜二轴测图。

(1)

(2)

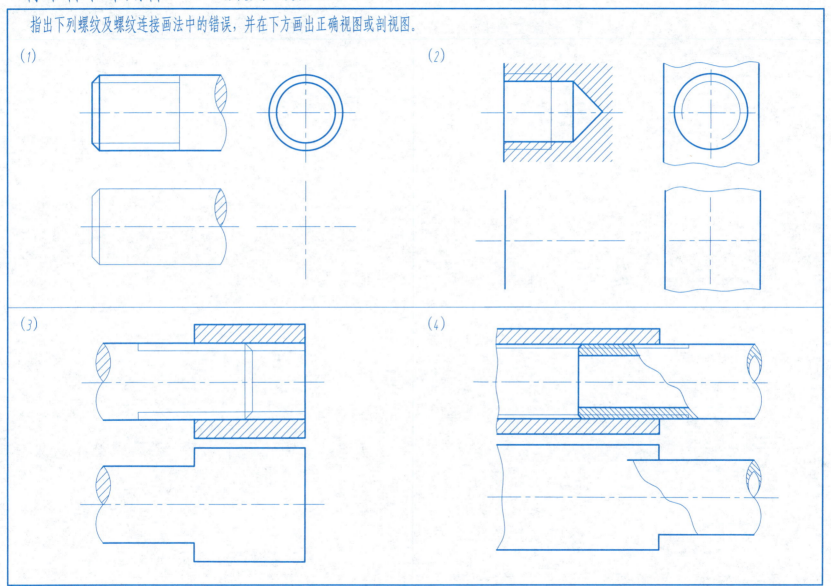

7-2 螺纹及其连接画法（2）

(1) 解释螺纹代号的含义。

螺纹类型 名称代号	牙型	公称直径(大径)	螺距	导程	线数	旋向	中径公差带代号	顶径公差带代号	旋合长度代号
M12-6H-S									
M20×1-5g6g-L									
Tr30×6LH-6H									
Tr40×12(P6)-7e									
G1/2									

(2) 选择正确的二组螺纹联接件连接画法，在（ ）内画 √。

7-3 螺纹连接画法及查表　　　　　　　　　　　　　　　　　　　专业班级　　　　姓名

(1) 已知双头螺柱 GB/T 898—1988 M16×40，垫圈 GB/T 93—1987 16，螺母 GB/T 6170—2000 M16，试查表后用近似画法补全双头螺柱连接图。

(2) 已知螺栓 GB/T 5782—2000 M16×50，螺母 GB/T 6170—2000 M16，垫圈 GB/T 97.1—2002 16，试查表后用近似画法画出螺栓连接图。

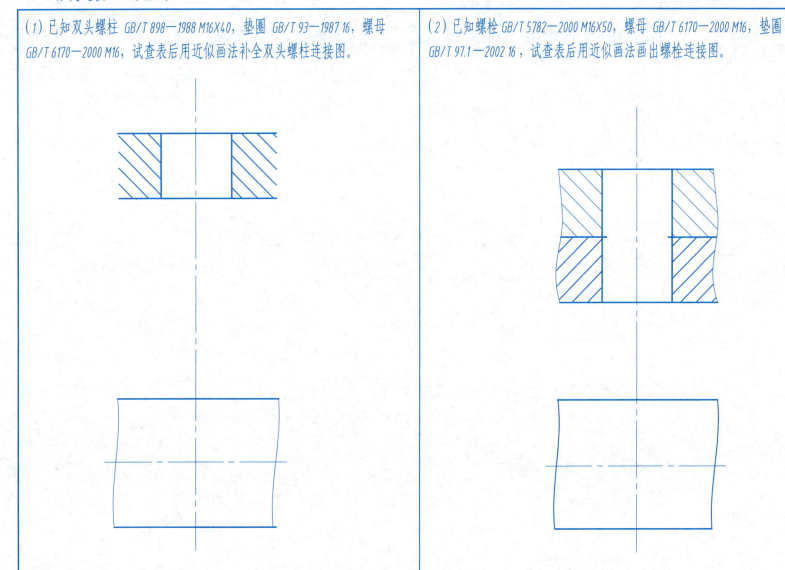

7-5 键连接　　　　　　　　　　　　　　　　　　　　　　　专业班级　　　　　　姓名

圈出键连接装配图中的错误，将正确的画在右边并完成右边的剖视图和A-A剖视图。

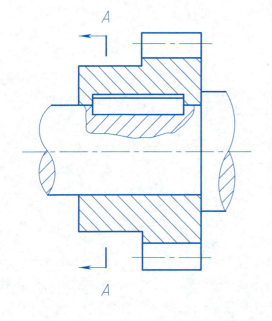
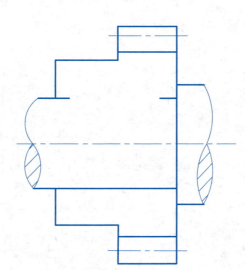
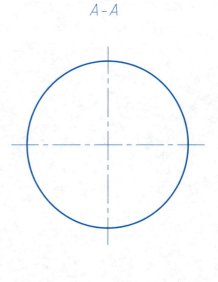

8 零件图 8-1 画零件图(1) 专业班级 姓名

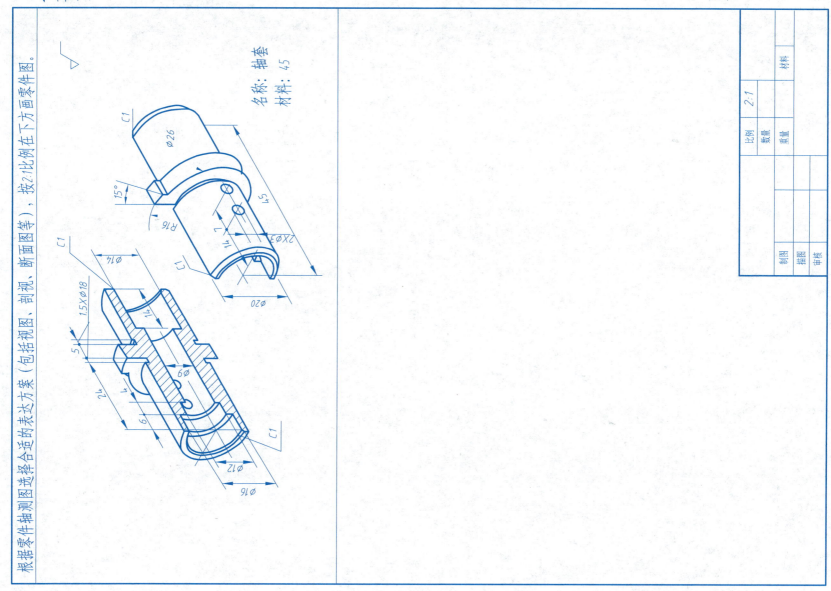

根据零件轴测图选择合适的表达方案(包括视图、剖视、断面图等),按2:1比例在下方画零件图。

8-2 画零件图(2)　　　　　　　　　　　专业班级　　　　姓名

根据零件图选择合适的表达方案（视图、剖视、断面等），按1:1比例在右方画零件图。

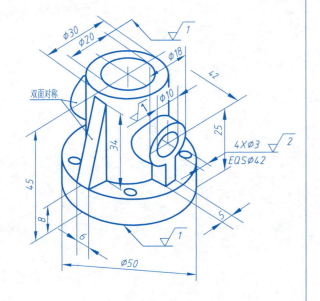

名称：支座
材料：HT150

8-3 公差与配合　　　　　　　　　　　　　　　　　专业班级　　　　姓名

(1) 根据装配图上所注的尺寸及配合代号，在孔与轴的零件图上，采用同时标注公差代号与极限偏差的形式，通过查表进行标注。

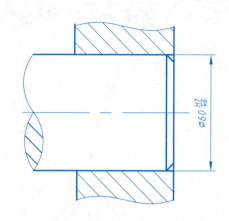

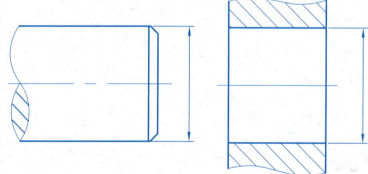

填充：
孔与轴的公称尺寸为_____，该配合采用基____制，
该配合为_____配合（间隙、过渡、过盈），
轴的公差等级为_____级，轴的上极限尺寸为
_____，轴的下极限尺寸为_____，
轴的公差为_____。

(2) 已知孔与轴配合的公称尺寸为120，采用基轴制，孔的基本偏差为P。公差等级：孔为7级、轴为6级，要求在图上进行正确标注。（零件图上必须查表注出极限偏差值）查表进行标注。

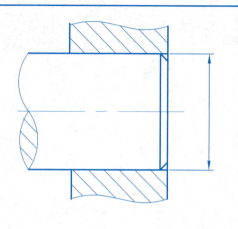

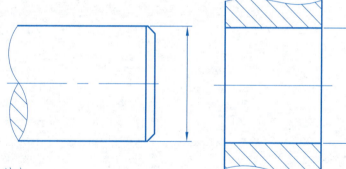

填充：
该配合为_____配合（间隙、过渡、过盈），
孔的上极限尺寸为_____，
孔的下极限尺寸为_____，
孔的公差为_____。

8-4 读零件图(1)　主动齿轮　　　　　　　　　　　　　　专业班级　　　　　　姓名

读主动齿轮轴零件图，计算后补标齿轮分度圆及尺寸，齿廓表面粗糙度为($\sqrt{1}$)，并在指定位置补绘图中所缺的移出断面图(键槽深3mm，其他尺寸按图量取)。

模　数	m	2
齿　数	z	18
压力角	α	20°
精度等级		8-7-7-Dc
齿　厚		3.142
配对齿轮	图　号	
	齿　数	25

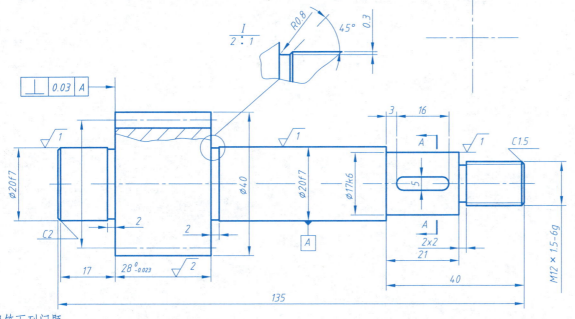

$\sqrt{1} = \sqrt{Ra1.6}$

$\sqrt{2} = \sqrt{Ra3.2}$

$\sqrt{Ra6.3}\ (\sqrt{1}\ \sqrt{2})$

技术要求
1.调质处理220～250HB。
2.锐边倒钝。

回答下列问题：
(1) 说明ø20f7的含义：ø20为____，f7是____，如将ø20f7写成有上、下偏差的形式，注法是____。
(2) 说明 ⊥ 0.03 A 的含义：符号⊥表示____，数字0.03是____，A是____。
(3) 说明表面粗糙度 $\sqrt{Ra1.6}$ 处的表面形状：它的表面形状为____。它可由____方法达到。
(4) 指出图中的工艺结构：它有__处倒角，其尺寸分别是_____，有__处退刀槽和越程槽，其尺寸分别为_____。

主动齿轮轴	比例		12-02
	件数	1	
制图			重量		材料	45
描图			(厂名)			
审核						

8-5 读零件图（2） 支架　　　　　　　　　　　　　　　专业班级　　　　　姓名

读支架零件图，并回答下列问题。

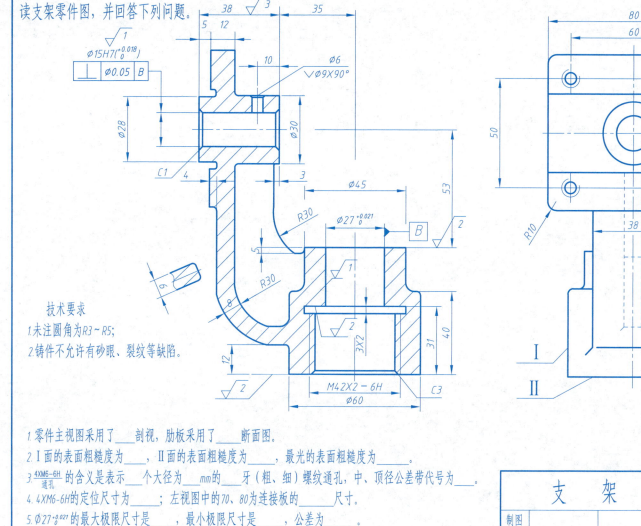

技术要求
1. 未注圆角为R3～R5；
2. 铸件不允许有砂眼、裂纹等缺陷。

$\sqrt{1} = \sqrt{Ra3.2}$　$\sqrt{2} = \sqrt{Ra6.3}$
$\sqrt{3} = \sqrt{Ra12.5}$
$\sqrt{Ra25}$ ($\sqrt{1}$ $\sqrt{2}$ $\sqrt{3}$)

1. 零件主视图采用了＿＿剖视，肋板采用了＿＿断面图。
2. Ⅰ面的表面粗糙度为＿＿，Ⅱ面的表面粗糙度为＿＿，最光的表面粗糙度为＿＿。
3. 4×M6-6H 通孔 的含义是表示＿＿个大径为＿＿mm的＿＿牙（粗、细）螺纹通孔，中、顶径公差带代号为＿＿。
4. 4×M6-6H的定位尺寸为＿＿；左视图中的70、80为连接板的＿＿尺寸。
5. ∅27 +0.021/0 的最大极限尺寸是＿＿，最小极限尺寸是＿＿，公差为＿＿。
6. 零件工艺结构中有＿＿处倒角，它们的尺寸分别是＿＿＿＿；M42X2-6H的退刀槽尺寸为＿＿。

支　架	比例	1:2	15-02
	件数	1	
制图		重量	材料	HT200
描图			
审核		（厂名）	

8-6 读零件图（3） 轴承盖

读轴承盖零件图并回答下列问题：

1. 零件主视图采用了＿＿剖视，孔Ø29处的油封槽采用了＿＿表达方法。
2. 零件表面最光的表面粗糙度值为＿＿μm，最粗糙的表面粗糙度代号为＿＿。
3. $\frac{6×Ø9}{⌴Ø14T8}$ 表示＿＿个直径为＿＿的沉头孔，沉头孔径为＿＿，深度为＿＿。
4. ⌾|Ø0.03|A 的含义是指孔Ø62j7的＿＿线对Ø140h6的＿＿线的＿＿度公差为＿＿。
5. ↗|0.04|A 的含义是所指端面对Ø140h6的＿＿线的圆跳动公差为＿＿。

技术要求

1. 时效处理。
2. 未注圆角R2～R3。
3. 倒角C1。
4. 非加工表面涂漆。

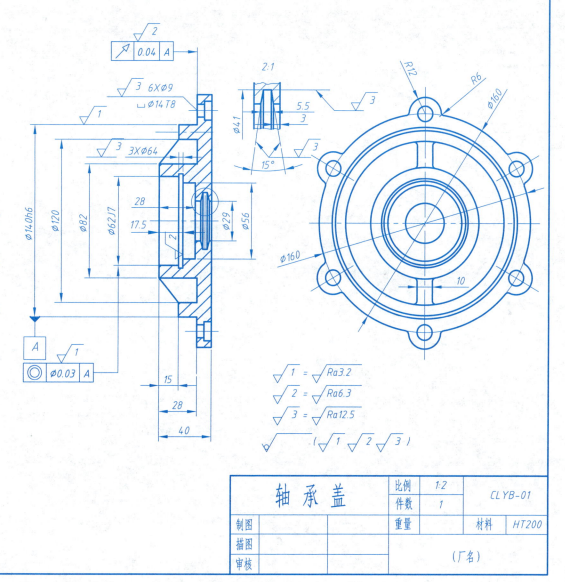

轴 承 盖	比例	1:2	CLYB-01
	件数	1	
制图		重量	材料 HT200
描图			
审核		（厂名）	

8-7 读零件图（4） 泵体　　　　　　　　　　　　　　　专业班级　　　　姓名

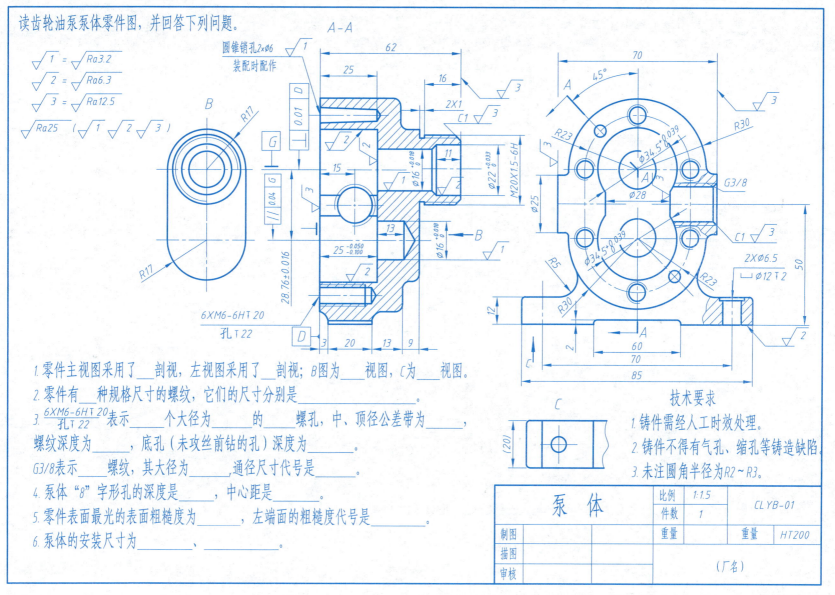

1. 零件主视图采用了___剖视，左视图采用了___剖视；B图为___视图，C为___视图。
2. 零件有___种规格尺寸的螺纹，它们的尺寸分别是_____。
3. 6XM6-6H▼20／孔▼22 表示____个大径为_____的____螺孔，中、顶径公差带为_____，螺纹深度为_____，底孔（未攻丝前钻的孔）深度为_____。
   G3/8表示____螺纹，其大径为_____通径尺寸代号是_____。
4. 泵体"8"字形孔的深度是_____，中心距是_____。
5. 零件表面最光的表面粗糙度为_____，左端面的粗糙度代号是_____。
6. 泵体的安装尺寸为_____、_____。

9 装配图　9-1 读装配图并回答问题（1）　夹线体

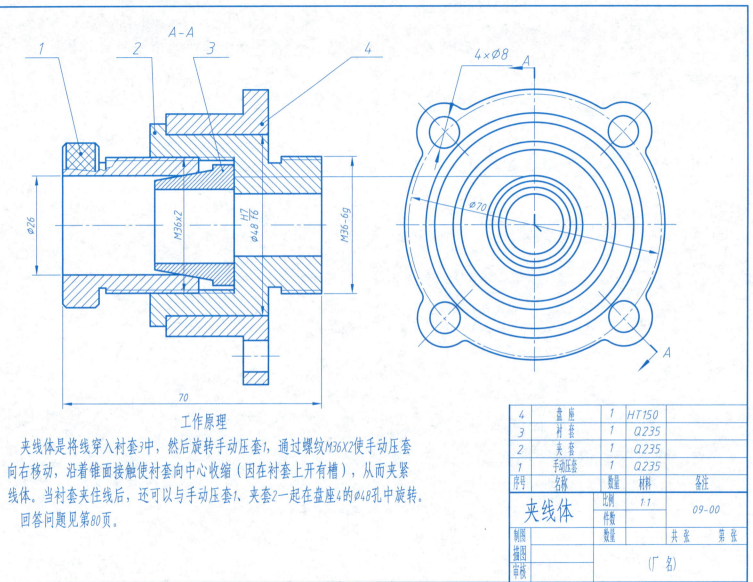

工作原理

夹线体是将线穿入衬套3中，然后旋转手动压套1，通过螺纹M36X2使手动压套向右移动，沿着锥面接触使衬套向中心收缩（因在衬套上开有槽），从而夹紧线体。当衬套夹住线后，还可以与手动压套1、夹套2一起在盘座4的ø48孔中旋转。回答问题见第80页。

序号	名称	数量	材料	备注
4	盘座	1	HT150	
3	衬套	1	Q235	
2	夹套	1	Q235	
1	手动压套	1	Q235	

夹线体　比例 1:1　09-00

9-2 读装配图并回答问题（2） 换向阀　　专业班级　　姓名

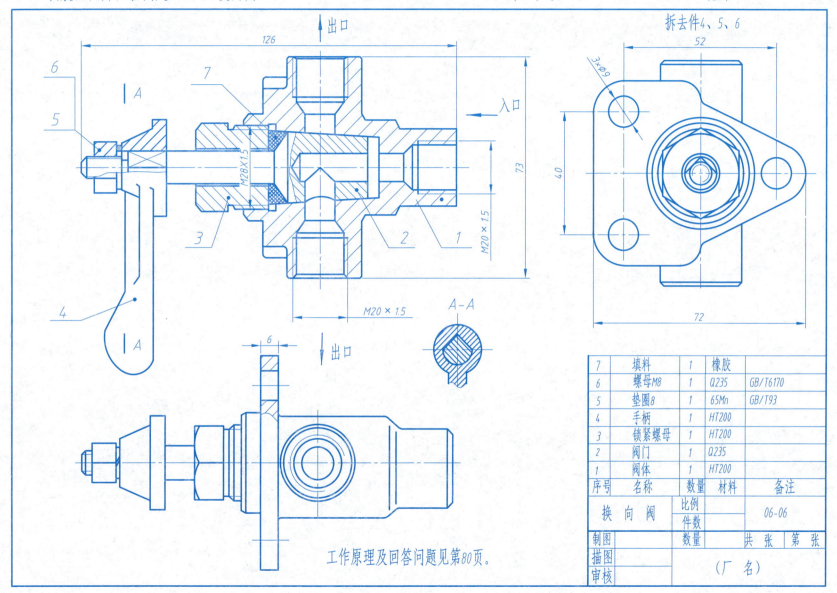

工作原理及回答问题见第80页。

9-3 读装配图并回答问题(3)　　　　　　　　　　　　　　专业班级　　　　姓名

夹线体

回答下列问题：

1. 夹线体由___个零件装配而成，其中4号件的材料为___，其他零件材料为___。

2. ø48$\frac{H7}{f7}$表示___号件与___号件的配合为基__制配合，其中孔的公差等级为___级，轴的公差等级为___级。

3. M36-6g为___螺纹，大径为___，牙距为___（查表），旋向为___旋，线数为___，中、顶径公差带为___。

4. 拆画2号零件（夹套），按1：1画为全剖视图，标尺寸不注尺寸数值。

换向阀

工作原理：

　　本换向阀主要用于流体管路中控制流体的输出方向，在图示情况下，流体由右边进入，因上出口不通，只能从下出口流出。当转动手柄4，使阀门2旋转180°时，则下出口不通，就改从上出口流出，根据手柄转动角度不同，还可以调节出口处的流量。

回答下列问题：

1. 换向阀采用了___个图形表达其装配结构，其中主视图为___剖视，俯视图为___剖视，左视图采用了___画法；A-A为___剖视。

2. 如果阀门手柄端产生泄漏，该如何解决，简述解决方法：_____。

3. 按该阀结构，旋转阀门时，两出口___（会、不会）同时流出液体；按图示位置旋转阀门90°时，两出口将___（全部、部分）关闭。

4. 换向阀的安装尺寸是___、___、___；总体尺寸（不算手柄）是___、___、___。

5. 1号件的材料为___，2号件的材料为___。

6. 该阀属标准件的零件是___号件。

9-4 读装配图并回答问题（4） 螺旋千斤顶

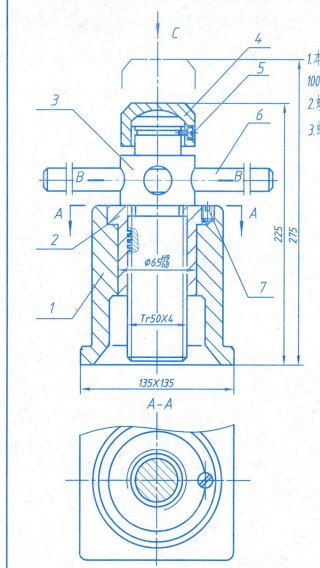

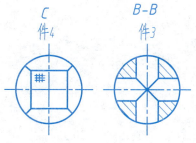

技术要求
1. 本千斤顶的升程高度50mm，顶举重量为10000N。
2. 螺杆与座的垂直度公差不大于0.1mm。
3. 螺钉（件7）所装配的螺孔在装配时加工。

7	螺钉M12×16	1	35	GB73-85
6	横杠	1	45	
5	螺钉M12×14	1	35	GB65-2000
4	顶垫	1	Q235A	
3	螺杆	1	45	
2	螺套	1	HT200	
1	底座	1	HT150	
序号	名称	数量	材料	备注

螺旋千斤顶　比例 1:3　数量
制图　　数量　共 张 第 张
描图
审核　　（厂名）

回答问题:
1. 千斤顶采用了___个图形表达其装配结构，其中主视图为___剖视并含有___剖视，俯视图为___剖视。
2. 千斤顶共有___种零件，其中件7的作用是防止丝杆转动时件___和件___产生相对径向___动和轴向___动。
3. 尺寸Tr50x4的含义为：Tr表示___螺纹，大径为___mm，导程为___mm，线数为___线。
4. ∅65 H9/h8 表示件___与件___属基___制___配合，公差等级为___级。
5. 拆画零件2（螺套），按1:2画为全剖视（标尺寸，不标尺寸数字）。

10 其他工程图样——化工专业图

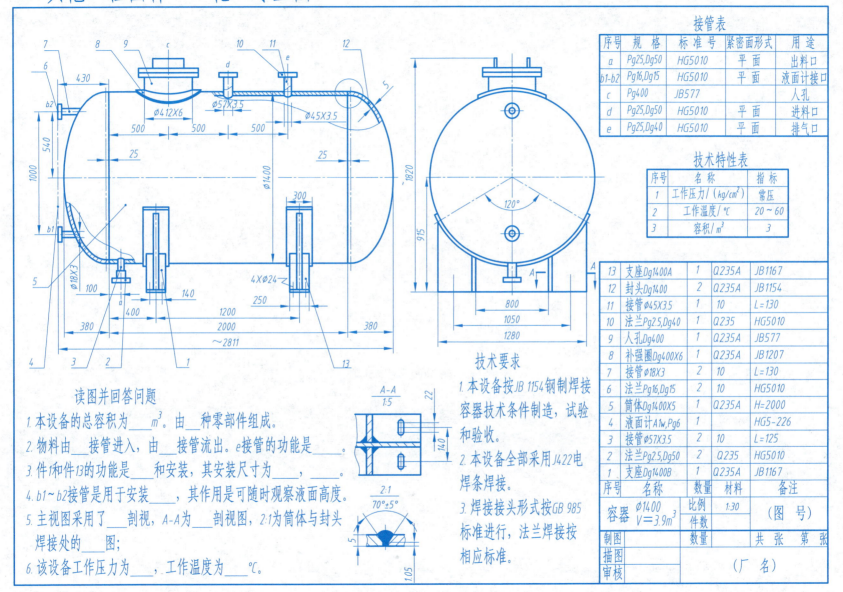

读图并回答问题

1. 本设备的总容积为___m³。由___种零部件组成。
2. 物料由___接管进入,由___接管流出。e接管的功能是___。
3. 件1和件13的功能是___和安装,其安装尺寸为___,___。
4. b1~b2接管是用于安装___,其作用是可随时观察液面高度。
5. 主视图采用了___剖视,A-A为___剖视图,2:1为筒体与封头焊接处的___图;
6. 该设备工作压力为___,工作温度为___℃。